한식 조리기능사 실기

(사)한국식음료외식조리교육협회

- 새로운 실기 출제기준 적용
- NCS 능력단위별 평가표 수록

한국음식의 세계화라는 시대적 흐름 속에서 외식산업의 발전을 위한 유능한 조리인력 양성의 필요성이 그 어느 때보다 절실해지고 있습니다. 훌륭한 조리기능인의 양성이 시대적인 과제이며, 그러한 책임을 지고 있는 최일선의 교육현장에서 조리기능사 자격증을 지도하는 교수법의 중요성 또한 강조되고 있습니다. 그동안 교육현장에서는 각기 다른 방식으로 강의를 하여 조리기능사자격증 취득을 준비하는 수험생들에게 혼란을 일으키는 경우가 있어 왔으며, 또한 실기 검정장에서 심사위원들이 수험생의 기능채점을 할 때 어려움을 느낀 경우도 있었습니다. 그러므로 조리기능사 국가기술자격증 교수법의 검증된 표준화가 그 어느 때보다 절실하다 할 수 있습니다. 이에 '(사)한국식음료외식조리교육협회'에서는 교육현장의 생생한 강의 노하우를 바탕으로 수험생을 위한 조리사자격증 취득 중심의 수험서적을 발간하게 되었습니다.

본 교재는 대한민국의 요리학원과 직업훈련기관을 대표하는 협회라는 자부심과 책임감으로 출판하였습니다. 본 협회는 전국 요리교육의 기관장으로 구성된 단체이며, 요리교재 개발연구, 민간전문자격시험 개발연구, 요리교육기관장의 권익대변, 국가기술자격검증 자문, 요리교육정책 자문 등의 다양한 활동을 하고 있습니다. 회원들 대부분이 강의경력 20년 이상으로 조리전문 자격기능 보유자이며, 전국의 각 지역에서 그 지역을 대표하는 훈련기관입니다. 수강생들의 자격증 취득을 위해서 요리교육 최일선에서 요리수강생들의 애로사항을 그 누구보다도 잘 알고 있는 원장님들의 풍부한 강의경험이 집결된 완성본입니다. 출제예상 실기과제에서 어떤 부분을 가장 많이 실수하고, 또한 어떤 부분을 중심으로 준비해야 자격시험에서 높은 점수를 받을 수 있는지에 대한 자료가 본 교재에 수록되어 있습니다.

본 교재는 1부에서 한식조리기능사 국가기술자격증 취득 중심으로 한식 조리실무의 이론을 정리하였으며, 제2부에서는 전 품목의 실기예상문제를 세세한 설명과 사진을 함께 수록하였습니다. 본 교재는 전국의 각기 다른 교수방법을 하나의 통일화된 방법으로 강의법을 정리하였다는 데 의의가 있습니다.

조리기능사 실기시험 심사위원과 조리기능사 수험생을 일선에서 지도하는 전국의 요리학원장 및 강사들의 의견을 취합하여 한국산업인력공단의 출제기준을 중심으로 제작한 교재이므로 객관성과 전문성에서 타 교재와 차별화된 특징을 가지고 있습니다.

본 (사)한국식음료외식조리교육협회는 앞으로 지속적인 수험교재 개발 및 전문서적 개발에 더욱 힘쓸 계획입니다. 한식조리기능사, 양식조리기능사, 조리기능사 학과교재 및 문제집, 중식조리기능사, 일식 · 복어조리기능사 등의 조리기능사 수험서적뿐만 아니라 조리산업기사, 조리기능장의 후속 교재도 곧 출판할 예정입니다. 본 수험서적은 가장 최신의 검정자격기준을 중심으로 하여 출판한 점을 먼저 말씀드리고 싶습니다. 국가기술자격증 기술서적은 한국산업인력공단의 출제기준 및 채점기준, 지급목록 등에 있어서 변경사항이 발생할 때마다 그때그때 수시로 업데이트가 되어야 합니다.

본 협회에서 발행하는 수험서적은 조리기능사 출제기준의 변경사항을 최우선으로 고려하여 교재를 집필하고 있습니다. 많은 시간과 최선을 다하여 집필한 본 수험서적에 혹여 내용상의 일부 부족한 점이 있으리라 생각됩니다. 앞으로 독자 여러분의 충고와 조언에 귀를 기울일 것이며, 궁금하신 사항은 (사)한국식음료외식조리교육협회로 문의해 주시기 바랍니다.

전국의 (사)한국식음료외식조리교육협회 회원 및 협회 산하 교재편찬위원회의 격려와 노고에 깊은 감사를 전하고 싶습니다. 또한 이 책이 나오기까지 아낌없는 성의와 물심양면으로 도움을 주신 (주)백산출판사 진욱상 사장님을 비롯하여 관계자 여러분께 깊은 감사를 드립니다.

마지막으로 이 수험서적으로 조리사자격증을 취득하시려는 모든 분들께 합격의 영광이 함께 하길 기원드립니다.

(사)한국식음료외식조리교육협회 회원 일동

한식조리기능사 실기

Contents

Contents

NCS 학습모듈의 이해

■ NCS 학습모듈이란?

NCS 학습모듈은 NCS 능력단위를 교육 및 직업훈련 시 활용할 수 있도록 구성한 교수 · 학습자료이다. 즉, NCS 학습모듈은 학습자의 직무능력 제고를 위해 요구되는 학습 요소(학습내용)를 NCS에서 규정한 업무 프로세스나 세부 지식, 기술을 토대로 재구성한 것이다.

● **NCS 학습모듈**

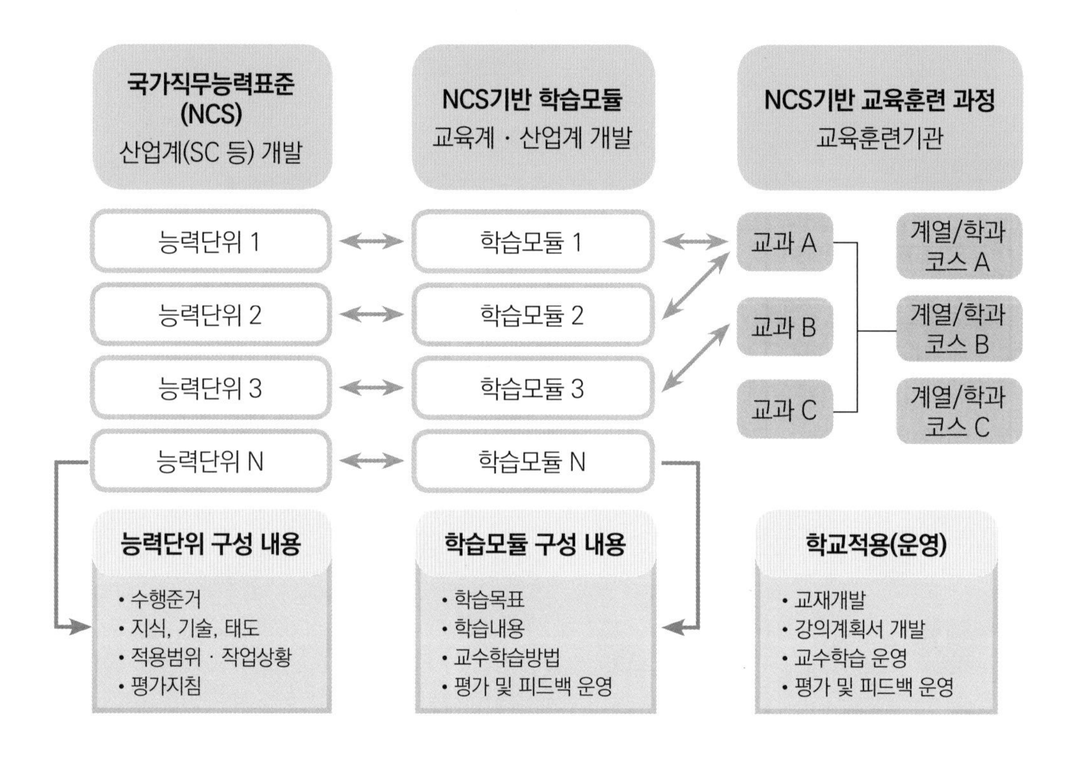

NCS 학습모듈은 NCS 능력단위를 활용하여 개발한 교수 · 학습 자료로 고교, 전문대학, 대학, 훈련기관, 기업체 등에서 NCS기반 교육과정을 용이하게 구성 · 운영할 수 있도록 지원하는 역할을 수행한다.

● NCS와 NCS 학습모듈의 연결체제

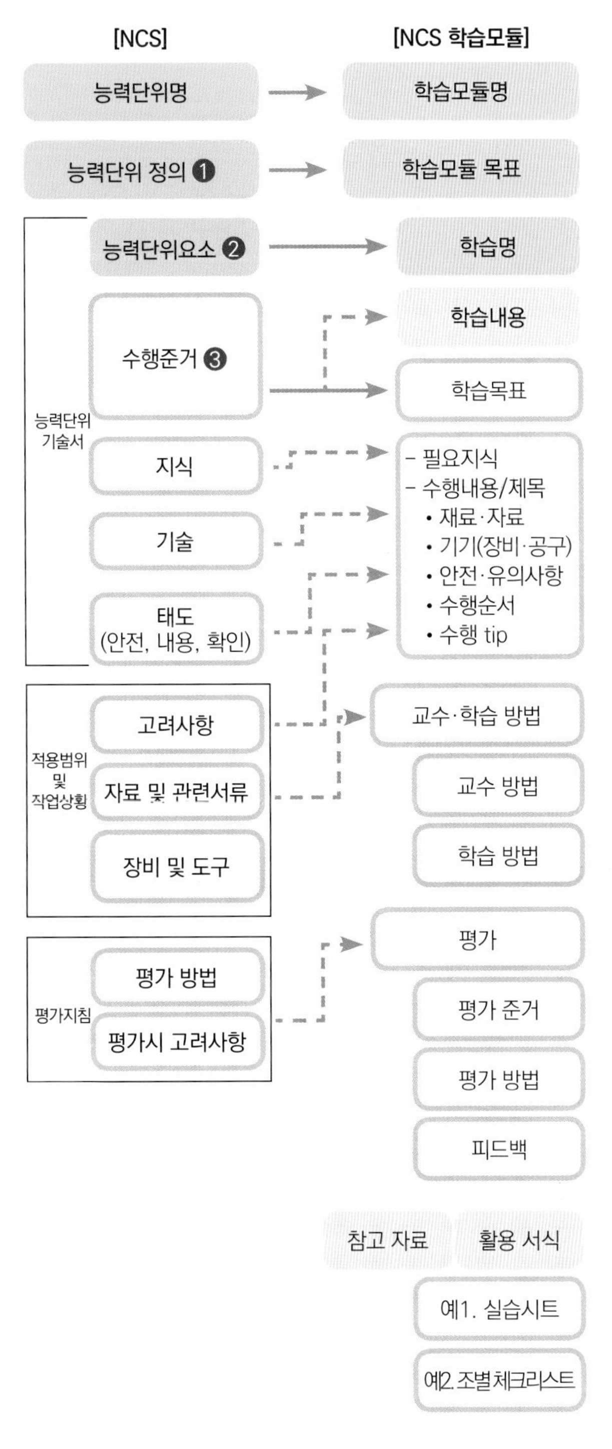

① 능력단위란
특정 직무에서 업무를 성공적으로 수행하기 위하여 요구되는 능력을 교육훈련 및 평가가 가능한 기능 단위로 개발한 것입니다.

② 능력단위요소란
해당 능력단위를 구성하는 중요한 범위 안에서 수행하는 기능을 도출한 것입니다.

③ 수행준거란
각 능력단위요소별로 능력의 성취여부를 판단하기 위해 개인들이 도달해야 하는 수행의 기준을 제시한 것입니다.

한식조리기능사 실기시험 준비

1. 검정시험의 구분 및 합격기준

계열	자격등급	필기시험	실기시험
기능계	기능사	객관식 4지 택일형 100점 만점에 60점 이상	작업형 100점 만점에 60점 이상

2. 응시원서 작성 방법

큐넷 홈페이지(www.q-net.or.kr)에 접속하여 아이디와 패스워드를 입력하여 로그인 후 희망하는 종목, 날짜, 시험장소를 선택하여 원서접수를 한다.

3. 수험자 지참준비물

순번	재료명	규격	단위	수량	비고
1	가위	–	EA	1	
2	강판	–	EA	1	
3	계량스푼	–	EA	1	
4	계량컵	–	EA	1	
5	국대접	기타 유사품 포함	EA	1	
6	국자	–	EA	1	
7	냄비	–	EA	1	시험장에도 준비되어 있음
8	도마	흰색 또는 나무도마	EA	1	시험장에도 준비되어 있음
9	뒤집개	–	EA	1	
10	랩	–	EA	1	
11	마스크	–	EA	1	*위생복장(위생복 · 위생모 · 앞치마 · 마스크)을 착용하지 않을 경우 채점대상에서 제외(실격)됩니다*
12	면포/행주	흰색	장	1	
13	밀대	–	EA	1	
14	밥공기	–	EA	1	
15	볼(bowl)	–	EA	1	
16	비닐팩	위생백, 비닐봉지 등 유사품 포함	장	1	
17	상비의약품	손가락골무, 밴드 등	EA	1	
18	석쇠	–	EA	1	
19	쇠조리(혹은 체)	–	EA	1	
20	숟가락	차스푼 등 유사품 포함	EA	1	
21	앞치마	흰색(남녀공용)	EA	1	*위생복장(위생복 · 위생모 · 앞치마 · 마스크)을 착용하지 않을 경우 채점대상에서 제외(실격)됩니다*
22	위생모	흰색	EA	1	
23	위생복	상의–흰색/긴소매, 하의–긴바지(색상 무관)	벌	1	
24	위생타월	키친타월, 휴지 등 유사품 포함	장	1	
25	이쑤시개	산적꼬치 등 유사품 포함	EA	1	
26	접시	양념접시 등 유사품 포함	EA	1	

순번	재료명	규격	단위	수량	비고
27	젓가락	–	EA	1	
28	종이컵	–	EA	1	
29	종지	–	EA	1	
30	주걱	–	EA	1	
31	집게	–	EA	1	
32	칼	조리용 칼, 칼집 포함	EA	1	
33	호일	–	EA	1	
34	프라이팬	원형 또는 사각으로 바닥이 평평하며 특수 모양 성형이 없을 것	EA	1	시험장에도 준비되어 있음

※ 지참준비물의 수량은 최소 필요수량으로 수험자가 필요시 추가지참 가능합니다.
※ 지참준비물은 일반적인 조리용을 의미하며, 기관명, 이름 등 표시가 없는 것이어야 합니다.
※ 지참준비물 중 수험자 개인에 따라 과제를 조리하는 데 불필요한 조리기구는 지참하지 않아도 무방합니다.
※ 지참준비물 목록에는 없으나 조리에 직접 사용되지 않는 조리 주방용품(예, 수저통 등)은 지참 가능합니다.
※ 수험자 지참준비물 이외의 조리기구를 사용한 경우 채점대상에서 제외(실격)됩니다.
※ 위생상태 세부기준은 큐넷 – 자료실 – 공개문제에 공지된 "위생상태 및 안전관리 세부기준"을 참조하시기 바랍니다.

4. 위생상태 및 안전관리 세부기준 안내

순번	구분	세부기준
1	위생복 상의	• 전체 흰색, 손목까지 오는 긴소매 – 조리과정에서 발생 가능한 안전사고(화상 등) 예방 및 식품위생(체모 유입방지, 오염도 확인 등) 관리를 위한 기준 적용 – 조리과정에서 편의를 위해 소매를 접어 작업하는 것은 허용 – 부직포, 비닐 등 화재에 취약한 재질이 아닐 것, 팔토시는 긴팔로 불인정 • 상의 여밈은 위생복에 부착된 것이어야 하며 벨크로(일명 찍찍이), 단추 등의 크기, 색상, 모양, 재질은 제한하지 않음(단, 핀 등 별도 부착한 금속성은 제외)
2	위생복 하의	• 색상 · 재질무관, 안전과 작업에 방해가 되지 않는 발목까지 오는 긴바지 – 조리기구 낙하, 화상 등 안전사고 예방을 위한 기준 적용
3	위생모	• 전체 흰색, 빈틈이 없고 바느질 마감처리가 되어 있는 일반 조리장에서 통용되는 위생모(모자의 크기, 길이, 모양, 재질(면 · 부직포 등)은 무관)
4	앞치마	• 전체 흰색, 무릎아래까지 덮이는 길이 – 상하일체형(목끈형) 가능, 부직포 · 비닐 등 화재에 취약한 재질이 아닐 것

순번	구분	세부기준
5	마스크 (입 가리개)	• 침액을 통한 위생상의 위해 방지용으로 종류는 제한하지 않음(단, 감염병 예방법에 따라 마스크 착용 의무화 기간에는 '투명 위생 플라스틱 입 가리개'는 마스크 착용으로 인정하지 않음)
6	위생화 (작업화)	• 색상 무관, 굽이 높지 않고 발가락 · 발등 · 발뒤꿈치가 덮여 안전사고를 예방할 수 있는 깨끗한 운동화 형태
7	장신구	• 일체의 개인용 장신구 착용 금지(단, 위생모 고정을 위한 머리핀 허용)
8	두발	• 단정하고 청결할 것, 머리카락이 길 경우 흘러내리지 않도록 머리망을 착용하거나 묶을 것
9	손 / 손톱	• 손에 상처가 없어야 하나, 상처가 있을 경우 보이지 않도록 할 것(시험위원 확인하에 추가 조치 가능) • 손톱은 길지 않고 청결하며 매니큐어, 인조손톱 등을 부착하지 않을 것
10	폐식용유 처리	• 사용한 폐식용유는 시험위원이 지시하는 적재장소에 처리할 것
11	교차오염	• 교차오염 방지를 위한 칼, 도마 등 조리기구 구분 사용은 세척으로 대신하여 예방할 것 • 조리기구에 이물질(예, 테이프)을 부착하지 않을 것
12	위생관리	• 재료, 조리기구 등 조리에 사용되는 모든 것은 위생적으로 처리하여야 하며, 조리용으로 적합한 것일 것
13	안전사고 발생 처리	• 칼 사용(손 빔) 등으로 안전사고 발생 시 응급조치를 하여야 하며, 응급조치에도 지혈이 되지 않을 경우 시험진행 불가
14	눈금표시 조리도구	• 눈금표시된 조리기구 사용 허용(실격 처리되지 않음, 2022년부터 적용) (단, 눈금표시에 재어가며 재료를 써는 조리작업은 조리기술 및 숙련도 평가에 반영)
15	부정 방지	• 위생복, 조리기구 등 시험장 내 모든 개인물품에는 수험자의 소속 및 성명 등의 표식이 없을 것(위생복의 개인 표식 제거는 테이프로 부착 가능)
16	테이프사용	• 위생복 상의, 앞치마, 위생모의 소속 및 성명을 가리는 용도로만 허용

※ 위 내용은 안전관리인증기준(HACCP) 평가(심사) 매뉴얼, 위생등급 가이드라인 평가 기준 및 시행상의 운영사항을 참고하여 작성된 기준입니다.

5. 위생상태 및 안전관리에 대한 채점기준 안내

위생 및 안전 상태	채점기준
1. 위생복(상/하의), 위생모, 앞치마, 마스크 중 한 가지라도 미착용한 경우 2. 평상복(흰티셔츠, 와이셔츠), 패션모자(흰털모자, 비니, 야구모자) 등 기준을 벗어난 위생복을 착용한 경우	실격 (채점대상 제외)

위생 및 안전 상태	채점기준
3. 위생복(상/하의), 위생모, 앞치마, 마스크를 착용하였더라도 • 무늬가 있거나 유색의 위생복 상의 · 위생모 · 앞치마를 착용한 경우 • 흰색의 위생복 상의 · 앞치마를 착용하였더라도 부직포, 비닐 등 화재에 취약한 재질의 복장을 착용한 경우 • 팔꿈치가 덮이지 않는 짧은 팔의 위생복을 착용한 경우 • 위생복 하의의 색상, 재질은 무관하나 짧은 바지, 통이 넓은 힙합스타일 바지, 타이츠, 치마 등 안전과 작업에 방해가 되는 복장을 착용한 경우 • 위생모가 뚫려있어 머리카락이 보이거나, 수건 등으로 김싸 바느질 마감처리가 되어있지 않고 풀어지기 쉬워 일반 조리장용으로 부적합한 경우 4. 수험자의 소속 / 성명이 있는 위생복 또는 조리기구를 사용(착용)한 경우 5. 이물질(예, 테이프) 부착 등 식품위생에 위배되는 조리기구를 사용한 경우 ※ 위생복 테이프 부착은 식품위생 위배 조리기구에 해당하지 않음	'위생상태 및 안전관리' 점수 전체 0점
5. 위생복(상/하의), 위생모, 앞치마, 마스크를 착용하였더라도 • 위생복 상의가 팔꿈치를 덮기는 하나 손목까지 오는 긴소매가 아닌 위생복(팔토시 착용은 긴소매로 불인정), 실험복 형태의 긴 가운, 핀 등 금속을 별도 부착한 위생복을 착용하여 세부기준을 준수하지 않았을 경우 • 테두리선, 칼라, 위생모 짧은 창 등 일부 유색의 위생복 상의 · 위생모 · 앞치마를 착용한 경우 (테이프 부착 불인정) • 위생복 하의가 발목까지 오지 않는 8부바지 • 위생복(상/하의), 위생모, 앞치마, 마스크에 수험자의 소속 및 성명을 테이프 등으로 가리지 않았을 경우 6. 위생화(작업화), 장신구, 두발, 손/손톱, 폐식용유 처리, 안전사고 발생처리 등 '위생상태 및 안전관리 세부기준'을 준수하지 않았을 경우 7. '위생상태 및 안전관리 세부기준' 이외에 위생과 안전을 저해하는 기타사항이 있을 경우	'위생상태 및 안전관리' 점수 일부 감점

※ 위 기준에 표시되어 있지 않으나 일반적인 개인위생, 식품위생, 주방위생, 안전관리를 준수하지 않을 경우 감점처리 될 수 있습니다.

※ 수도자의 경우 제복 + 위생복 상의/하의, 위생모, 앞치마, 마스크 착용 허용

6. 채점 기준표

항목	세부항목	내용	최대배점	비고
위생상태 및 안전관리	개인위생	위생복 착용, 두발, 손톱상태	3	공통배점 총 10점
	식품위생	조리과정	4	
	주방위생	정리정돈	2	
	안전관리	안전관리	1	
조리기술	재료손질	재료다듬기 및 씻기	3	작품별 45점 총 90점
	조리조작	썰기와 조리하기	27	
작품평가	작품의 맛	간 맞추기	6	
	작품의 색	색의 유지 정도	5	
	담기	그릇과 작품의 조화	4	

출제기준(실기)

직무 분야	음식 서비스	중직무 분야	조리	자격 종목	한식조리기능사	적용 기간	2023.1.1.~ 2025.12.31.

• 직무내용 : 한식메뉴 계획에 따라 식재료를 선정, 구매, 검수, 보관 및 저장하며 맛과 영양을 고려하여 안전하고 위생적으로 음식을 조리하고 조리기구와 시설관리를 수행하는 직무이다.

• 수행준거 : 1. 음식조리 작업에 필요한 위생관련 지식을 이해하고, 주방의 청결상태와 개인위생 · 식품위생을 관리하여 전반적인 조리작업을 위생적으로 수행할 수 있다.
2. 한식조리를 수행함에 있어 칼 다루기, 기본 고명 만들기, 한식 기초 조리법 등 기본적인 지식을 이해하고 기능을 익혀 조리업무에 활용할 수 있다.
3. 쌀을 주재료로 하거나 혹은 다른 곡류나 견과류, 육류, 채소류, 어패류 등을 섞어 물을 붓고 강약을 조절하여 호화되게 밥을 조리할 수 있다.
4. 곡류 단독으로 또는 곡류와 견과류, 채소류, 육류, 어패류 등을 함께 섞어 물을 붓고 불의 강약을 조절하여 호화되게 죽을 조리할 수 있다.
5. 육류나 어류 등에 물을 많이 붓고 오래 끓이거나 육수를 만들어 채소나 해산물, 육류 등을 넣어 한식 국 · 탕을 조리할 수 있다.
6. 육수나 국물에 장류나 젓갈로 간을 하고 육류, 채소류, 버섯류, 해산물류를 용도에 맞게 썰어 넣고 함께 끓여서 한식 찌개를 조리할 수 있다.
7. 육류, 어패류, 채소류 등의 재료를 익기 쉽게 썰고 그대로 혹은 꼬치에 꿰어서 밀가루와 달걀을 입힌 후 기름에 지져서 한식 전 · 적 조리를 할 수 있다.
8. 채소를 살짝 절이거나 생것을 양념하여 생채 · 회조리를 할 수 있다.

실기검정방법	작업형	시험시간	70분 정도

실기과목명	주요항목	세부항목	세세항목
한식 조리 실무	1. 음식 위생관리	1. 개인위생 관리하기	1. 위생관리기준에 따라 조리복, 조리모, 앞치마, 조리 안전화 등을 착용할 수 있다 2. 두발, 손톱, 손 등 신체청결을 유지하고 작업수행 시 위생습관을 준수할 수 있다. 3. 근무 중의 흡연, 음주, 취식 등에 대한 작업장 근무수칙을 준수할 수 있다. 4. 위생관련 법규에 따라 질병, 건강검진 등 건강상태를 관리하고 보고할 수 있다.
		2. 식품위생 관리하기	1. 식품의 유통기한 · 품질 기준을 확인하여 위생적인 선택을 할 수 있다. 2. 채소 · 과일의 농약 사용 여부와 유해성을 인식하고 세척할 수 있다. 3. 식품의 위생적 취급기준을 준수할 수 있다. 4. 식품의 반입부터 저장, 조리과정에서 유독성, 유해물질의 혼입을 방지할 수 있다.
		3. 주방위생 관리하기	1. 주방 내에서 교차오염 방지를 위해 조리생산 단계별 작업공간을 구분하여 사용할 수 있다.

실기과목명	주요항목	세부항목	세세항목
한식 조리 실무	1. 음식 위생관리	3. 주방위생 관리하기	2. 주방위생에 있어 위해요소를 파악하고, 예방할 수 있다. 3. 주방, 시설 및 도구의 세척, 살균, 해충·해서 방제작업을 정기적으로 수행할 수 있다. 4. 시설 및 도구의 노후상태나 위생상태를 점검하고 관리할 수 있다. 5. 식품이 조리되어 섭취되는 전 과정의 주방 위생 상태를 점검하고 관리할 수 있다. 6. HACCP적용 업장의 경우 HACCP관리기준에 의해 관리할 수 있다.
	2. 음식 안전관리	1. 개인안전 관리하기	1. 안전관리 지침서에 따라 개인 안전관리 점검표를 작성할 수 있다. 2. 개인안전사고 예방을 위해 도구 및 장비의 정리정돈을 상시할 수 있다. 3. 주방에서 발생하는 개인 안전사고의 유형을 숙지하고 예방을 위한 안전수칙을 지킬 수 있다. 4. 주방 내 필요한 구급품이 적정 수량 비치되었는지 확인하고 개인안전 보호 장비를 정확하게 착용하여 작업할 수 있다. 5. 개인이 사용하는 칼에 대해 사용안전, 이동안전, 보관안전을 수행할 수 있다. 6. 개인의 화상사고, 낙상사고, 근육팽창과 골절사고, 절단사고, 전기기구로 인한 전기쇼크 사고, 화재사고와 같은 사고 예방을 위해 주의사항을 숙지하고 실천할 수 있다. 7. 개인 안전사고 발생 시 신속 정확한 응급조치를 실시하고 재발 방지 조치를 실행할 수 있다.
		2. 장비·도구 안전작업하기	1. 조리장비·도구에 대한 종류별 사용방법에 대해 주의사항을 숙지할 수 있다. 2. 조리장비·도구를 사용 전 이상 유무를 점검할 수 있다. 3. 안전 장비류 취급 시 주의사항을 숙지하고 실천할 수 있다. 4. 조리장비·도구를 사용 후 전원을 차단하고 안전수칙을 지키며 분해하여 청소할 수 있다. 5. 무리한 조리장비·도구 취급은 금하고 사용 후 일정한 장소에 보관하고 점검할 수 있다. 6. 모든 조리장비·도구는 반드시 목적 이외의 용도로 사용하지 않고 규격품을 사용할 수 있다.

실기과목명	주요항목	세부항목	세세항목
한식 조리 실무	2. 장비 · 도구 안전작업하기	3. 작업환경 안전관리하기	1. 작업환경 안전관리 시 작업환경 안전관리 지침서를 작성할 수 있다. 2. 작업환경 안전관리 시 작업장 주변 정리 정돈 등을 관리 점검할 수 있다. 3. 작업환경 안전관리 시 제품을 제조하는 작업장 및 매장의 온 · 습도관리를 통하여 안전사고요소 등을 제거할 수 있다. 4. 작업장 내의 적정한 수준의 조명과 환기, 이물질, 미끄럼 및 오염을 방지할 수 있다. 5. 작업환경에서 필요한 안전관리시설 및 안전용품을 파악하고 관리할 수 있다. 6. 작업환경에서 화재의 원인이 될 수 있는 곳을 자주 점검하고 화재진압기를 배치하고 사용할 수 있다. 7. 작업환경에서의 유해, 위험, 화학물질을 처리기준에 따라 관리할 수 있다. 8. 법적으로 선임된 안전관리책임자가 정기적으로 안전교육을 실시하고 이에 참여할 수 있다.
	3. 한식 기초 조리실무	1. 기본 칼 기술 습득하기	1. 칼의 종류와 사용용도를 이해할 수 있다. 2. 기본 썰기 방법을 습득할 수 있다. 3. 조리목적에 맞게 식재료를 썰 수 있다. 4. 칼을 연마하고 관리할 수 있다.
		2. 기본 기능 습득하기	1. 한식 기본양념에 대한 지식을 이해하고 습득할 수 있다. 2. 한식 고명에 대한 지식을 이해하고 습득할 수 있다. 3. 한식 기본 육수조리에 대한 지식을 이해하고 습득할 수 있다. 4. 한식 기본 재료와 전처리 방법, 활용방법에 대한 지식을 이해하고 습득할 수 있다.
		3. 기본 조리법 습득하기	1. 한식의 종류와 상차림에 대한 지식을 이해하고 습득할 수 있다. 2. 조리도구의 종류 및 용도를 이해하고 적절하게 사용할 수 있다. 3. 식재료의 정확한 계량방법을 습득할 수 있다. 4. 한식 기본 조리법과 조리원리에 대한 지식을 이해하고 습득할 수 있다.
	4. 한식 밥 조리	1. 밥 재료 준비하기	1. 쌀과 잡곡의 비율을 필요량에 맞게 계량할 수 있다. 2. 쌀과 잡곡을 씻고 용도에 맞게 불리기를 할 수 있다.

실기과목명	주요항목	세부항목	세세항목
한식 조리 실무	4. 한식 밥 조리	1. 밥 재료 준비하기	3. 부재료는 조리법에 맞게 손질할 수 있다. 4. 돌솥, 압력솥 등 사용할 도구를 선택하고 준비할 수 있다.
		2. 밥 조리하기	1. 밥의 종류와 형태에 따라 조리시간과 방법을 조절할 수 있다. 2. 조리도구, 조리법과 쌀, 잡곡의 재료특성에 따라 물의 양을 가감할 수 있다. 3. 조리도구와 조리법에 맞도록 화력조절, 가열시간 조절, 뜸들이기를 할 수 있다.
		3. 밥 담기	1. 밥에 따라 색, 형태, 분량 등을 고려하여 그릇을 선택할 수 있다. 2. 밥을 따뜻하게 담아낼 수 있다. 3. 조리종류에 따라 나물 등 부재료와 고명을 얹거나 양념장을 곁들일 수 있다.
	5. 한식 죽조리	1. 죽 재료 준비하기	1. 사용할 도구를 선택하고 준비할 수 있다. 2. 쌀 등 곡류와 부재료를 필요량에 맞게 계량할 수 있다. 3. 곡류를 종류에 맞게 불리기를 할 수 있다. 4. 조리법에 따라서 쌀 등 재료를 갈거나 분쇄할 수 있다. 5. 부재료는 조리법에 맞게 손질할 수 있다.
		2. 죽 조리하기	1. 죽의 종류와 형태에 따라 조리시간과 방법을 조절할 수 있다. 2. 조리도구, 조리법, 쌀과 잡곡의 재료특성에 따라 물의 양을 가감할 수 있다. 3. 조리도구와 조리법, 재료특성에 따라 화력과 가열시간을 조절할 수 있다.
		3. 죽 담기	1. 죽에 따라 색, 형태, 분량 등을 고려하여 그릇을 선택할 수 있다. 2. 죽을 따뜻하게 담아낼 수 있다. 3. 조리종류에 따라 고명을 올릴 수 있다.
	6. 한식 국 · 탕 조리	1. 국 · 탕 재료 준비하기	1. 조리 종류에 맞추어 도구와 재료를 준비할 수 있다. 2. 조리에 사용하는 재료를 필요량에 맞게 계량할 수 있다. 3. 재료에 따라 요구되는 전처리를 수행할 수 있다. 4. 찬물에 육수재료를 넣고 끓이는 시간과 불의 강도를 조절할 수 있다. 5. 끓이는 중 부유물을 제거하여 맑은 육수를 만들 수 있다. 6. 육수의 종류에 따라 적정 온도로 보관할 수 있다.

실기과목명	주요항목	세부항목	세세항목
한식 조리 실무	6. 한식 국 · 탕 조리	2. 국 · 탕 조리하기	1. 물이나 육수에 재료를 넣어 끓일 수 있다. 2. 부재료와 양념을 적절한 시기와 분량에 맞춰 첨가할 수 있다. 3. 조리 종류에 따라 끓이는 시간과 화력을 조절할 수 있다. 4. 국 · 탕의 품질을 판정하고 간을 맞출 수 있다.
		3. 국 · 탕 담기	1. 국 · 탕에 따라 색, 형태, 분량 등을 고려하여 그릇을 선택할 수 있다. 2. 국 · 탕은 조리특성에 따라 적정한 온도로 제공할 수 있다. 3. 국 · 탕은 국물과 건더기의 비율에 맞게 담아낼 수 있다. 4. 국 · 탕의 종류에 따라 고명을 활용할 수 있다.
	7. 한식 찌개조리	1. 찌개 재료 준비하기	1. 조리종류에 따라 도구와 재료를 할 수 있다. 2. 조리에 사용하는 재료를 필요량에 맞게 계량할 수 있다. 3. 재료에 따라 요구되는 전처리를 수행할 수 있다. 4. 찬물에 육수 재료를 넣고 서서히 끓일 수 있다. 5. 끓이는 중 부유물과 기름이 떠오르면 걷어내어 제거할 수 있다. 6. 조리종류에 따라 끓이는 시간과 불의 강도를 조절할 수 있다.
		2. 찌개 조리하기	1. 채소류 중 단단한 재료는 데치거나 삶아서 사용할 수 있다. 2. 조리법에 따라 재료는 양념하여 밑간할 수 있다. 3. 육수에 재료와 양념의 첨가 시점을 조절하여 넣고 끓일 수 있다.
	7. 한식 찌개조리	3. 찌개 담기	1. 찌개에 따라 색, 형태, 분량 등을 고려하여 그릇을 선택할 수 있다. 2. 조리 특성에 맞게 건더기와 국물의 양을 조절할 수 있다. 3. 온도를 뜨겁게 유지하여 제공할 수 있다.
	8. 한식 전 · 적 조리	1. 전 · 적 재료 준비하기	1. 전 · 적의 조리종류에 따라 도구와 재료를 준비할 수 있다. 2. 조리에 사용하는 재료를 필요량에 맞게 계량할 수 있다. 3. 전 · 적의 종류에 따라 재료를 전처리하여 준비할 수 있다.

실기과목명	주요항목	세부항목	세세항목
한식 조리 실무	8. 한식 전 · 적 조리	2. 전 · 적 조리하기	1. 밀가루, 달걀 등의 재료를 섞어 반죽 물 농도를 맞출 수 있다. 2. 조리의 종류에 따라 속 재료 및 혼합재료 등을 만들 수 있다. 3. 주재료에 따라 소를 채우거나 꼬치를 활용하여 전 · 적의 형태를 만들 수 있다. 4. 재료와 조리법에 따라 기름의 종류 · 양과 온도를 조절하여 지져 낼 수 있다.
		3. 전 · 적 담기	1. 전 · 적에 따라 색, 형태, 분량 등을 고려하여 그릇을 선택할 수 있다. 2. 전 · 적의 조리는 기름을 제거하여 담아낼 수 있다. 3. 전 · 적 조리를 따뜻한 온도, 색, 풍미를 유지하여 담아낼 수 있다.
	9. 한식 생채 · 회 조리	1. 생채 · 회 재료 준비하기	1. 생채 · 회의 종류에 맞추어 도구와 재료를 준비할 수 있다. 2. 조리에 사용하는 재료를 필요량에 맞게 계량할 수 있다. 3. 재료에 따라 요구되는 전처리를 수행할 수 있다.
		2. 생채 · 회 조리하기	1. 양념장 재료를 비율대로 혼합, 조절할 수 있다. 2. 재료에 양념장을 넣고 잘 배합되도록 무칠 수 있다. 3. 재료에 따라 회 · 숙회로 만들 수 있다.
		3. 생채 · 회 담기	1. 생채 · 회에 따라 색, 형태, 분량 등을 고려하여 그릇을 선택할 수 있다. 2. 생채 · 회의 색, 형태, 분량을 고려하여 그릇에 담아낼 수 있다. 3. 조리종류에 따라 양념장을 곁들일 수 있다.
	10. 한식 구이조리	1. 구이 재료 준비하기	1. 구이의 종류에 맞추어 도구와 재료를 준비할 수 있다. 2. 조리에 사용하는 재료를 필요량에 맞게 계량할 수 있다. 3. 재료에 따라 요구되는 전처리를 수행할 수 있다. 4. 양념장 재료를 비율대로 혼합, 조절할 수 있다. 5. 필요에 따라 양념장을 숙성할 수 있다.
	10. 한식 구이조리	2. 구이 조리하기	1. 구이 종류에 따라 유장처리나 양념을 할 수 있다. 2. 구이 종류에 따라 초벌구이를 할 수 있다.

실기과목명	주요항목	세부항목	세세항목
한식 조리 실무	10. 한식 구이조리	2. 구이 조리하기	3. 온도와 불의 세기를 조절하여 익힐 수 있다. 4. 구이의 색, 형태를 유지할 수 있다.
		3. 구이 담기	1. 구이에 따라 색, 형태, 분량 등을 고려하여 그릇을 선택할 수 있다. 2. 조리한 음식을 부서지지 않게 담을 수 있다. 3. 구이 종류에 따라 적정 온도를 유지하여 담을 수 있다. 4. 조리종류에 따라 고명으로 장식할 수 있다.
	11. 한식 조림 · 초조리	1. 조림 · 초 재료 준비하기	1. 조림 · 초 조리에 따라 도구와 재료를 준비할 수 있다. 2. 조리에 사용하는 재료를 필요량에 맞게 계량할 수 있다. 3. 조림 · 조리의 재료에 따라 전처리를 수행할 수 있다. 4. 양념장 재료를 비율대로 혼합, 조절할 수 있다. 5. 필요에 따라 양념장을 숙성할 수 있다.
		2. 조림 · 초 조리하기	1. 조리 종류에 따라 준비한 도구에 재료를 넣고 양념장에 조릴 수 있다. 2. 재료와 양념장의 비율, 첨가 시점을 조절할 수 있다. 3. 재료가 눌어붙거나 모양이 흐트러지지 않게 화력을 조절하여 익힐 수 있다. 4. 조리종류에 따라 국물의 양을 조절할 수 있다.
		3. 조림 · 초 담기	1. 조림 · 초에 따라 색, 형태, 분량 등을 고려하여 그릇을 선택할 수 있다. 2. 조리종류에 따라 국물 양을 조절하여 담아낼 수 있다. 3. 조림, 초, 조리에 따라 고명을 얹어 낼 수 있다.
	12. 한식 볶음조리	1. 볶음 재료 준비하기	1. 볶음조리에 따라 도구와 재료를 준비할 수 있다. 2. 조리에 사용하는 재료를 필요량에 맞게 계량할 수 있다. 3. 볶음조리의 재료에 따라 전처리를 수행할 수 있다. 4. 양념장 재료를 비율대로 혼합, 조절하여 만들 수 있다. 5. 필요에 따라 양념장을 숙성할 수 있다.
	12. 한식 볶음조리	2. 볶음 조리하기	1. 조리종류에 따라 준비한 도구에 재료와 양념장을 넣어 기름으로 볶을 수 있다.

실기과목명	주요항목	세부항목	세세항목
한식 조리 실무	12. 한식 볶음조리	2. 볶음 조리하기	2. 재료와 양념장의 비율, 첨가 시점을 조절할 수 있다. 3. 재료가 눌어붙거나 모양이 흐트러지지 않게 화력을 조절하여 익힐 수 있다.
		3. 볶음 담기	1. 볶음에 따라 색, 형태, 분량 등을 고려하여 그릇을 선택할 수 있다. 2. 그릇형태에 따라 조화롭게 담아낼 수 있다. 3. 볶음조리에 따라 고명을 얹어 낼 수 있다.
	13. 한식 숙채조리	1. 숙채 재료 준비하기	1. 숙채의 종류에 맞추어 도구와 재료를 준비할 수 있다. 2. 조리에 사용하는 재료를 필요량에 맞게 계량할 수 있다. 3. 재료에 따라 요구되는 전처리를 수행할 수 있다.
		2. 숙채 조리하기	1. 양념장 재료를 비율대로 혼합, 조절할 수 있다. 2. 조리법에 따라서 삶거나 데칠 수 있다. 3. 양념이 잘 배합되도록 무치거나 볶을 수 있다.
		3. 숙채 담기	1. 숙채에 따라 색, 형태, 분량 등을 고려하여 그릇을 선택할 수 있다. 2. 숙채의 색, 형태, 재료, 분량을 고려하여 그릇에 담아낼 수 있다. 3. 조리종류에 따라 고명을 올리거나 양념장을 곁들일 수 있다.
	14. 김치조리	1. 김치 재료 준비하기	1. 김치의 종류에 맞추어 도구와 재료를 준비할 수 있다. 2. 조리에 사용하는 재료를 필요량에 맞게 계량할 수 있다. 3. 재료에 따라 요구되는 전처리(절이기 등)를 수행할 수 있다.
		2. 김치 조리하기	1. 양념장 재료를 비율대로 혼합, 조절할 수 있다. 2. 김치의 특성에 맞도록 주재료에 부재료와 양념의 비율을 조절하여 소를 넣거나 버무릴 수 있다. 3. 김치의 종류에 따라 국물의 양을 조절할 수 있다.
		3. 김치 담기	1. 조리종류와 색, 형태, 분량 등을 고려하여 그릇을 선택할 수 있다. 2. 김치의 색, 형태, 재료, 분량을 고려하여 그릇에 담아낼 수 있다. 3. 김치의 종류에 따라 조화롭게 담아낼 수 있다.

Part 1

한식 조리실무 이해

1. 한식 상차림

1) 한국음식의 종류

(1) 주식류

■ 밥

밥은 쌀을 비롯한 곡류에 물을 붓고 가열하여 호화시킨 음식으로, 한국 음식의 주식 중 가장 기본이 되는 음식이다. 밥은 넣는 재료에 따라 흰밥을 비롯하여 보리 · 수수 · 조 · 콩 · 팥 등을 섞어 지은 잡곡밥과 채소류 · 어패류 · 육류 등을 섞어 지은 별미밥 및 밥에 나물과 고기를 얹어 골고루 비벼 먹는 비빔밥 등이 있다.

■ 죽

죽은 우리나라 음식 중 가장 일찍 발달한 것으로, 곡물의 5~7배 정도의 물을 붓고 오랫동안 끓여 호화시킨 음식이다. 들어가는 재료에 따라 여러 가지로 나눌 수 있다. 죽은 주식으로뿐만 아니라, 별미식, 환자식 및 보양식 등으로 이용되어 왔다.

■ 국수

국수는 밀가루 · 메밀가루 등의 곡식가루를 반죽하여 긴 사리로 뽑아 만든 음식으로 젓가락 문화의 발달을 가져 왔다.

■ 만두와 떡국

만두는 밀가루 반죽을 얇게 밀어서 소를 넣고 빚어, 장국에 삶거나 찐 음식으로, 추운 북쪽 지방에서 즐겨 먹는 음식이다. 떡국은 멥쌀가루를 찐 후 가래떡 모양으로 만든 후 어슷하게 썰어 장국에 끓이는 음식으로 새해 첫날에 꼭 먹는 음식이다.

(2) 부식류

■ 국

국은 채소 · 어패류 · 육류 등을 넣고 물을 많이 부어 끓인 음식으로, 맑은장국 · 토장국 · 곰국 · 냉국 등으로 나눌 수 있다. 한국의 기본적인 상차림은 밥과 국으로, 국은 우리나라 숟가락 문화를 발달시켰다.

■ 찌개

찌개는 국보다 국물은 적고 건더기가 많으며 간이 센 편으로 찌개에는 맑은 찌개와 토장찌개가 있다.

■ 전골

전골은 반상과 주안상을 차릴 때 육류 · 어패류 · 버섯류 · 채소류 등에 육수를 넣고 즉석에서 끓여 먹는 음식으로 여러 재료의 조화된 맛을 즐길 수 있는 음식이다.

■ 찜

찜은 주재료에 양념하여 물을 붓고 푹 익혀, 약간의 국물이 어울리도록 끓이거나 쪄내는 음식이다.

■ 선

선은 좋은 재료를 뜻하는 것으로 호박 · 오이 · 가지 · 배추 · 두부 등 식물성 재료에 쇠고기 · 버섯 등으로 소를 넣고 육수를 부어 잠깐 끓이거나 찌는 음식이다.

■ 숙채

숙채는 채소를 끓는 물에 데쳐서 무치거나 기름에 볶는 음식으로, 가장 기본적이고 대중적인 부식류이다.

■ 생채

생채는 계절별로 나오는 신선한 채소류를 익히지 않고 초장 · 고추장 · 겨자즙 등에 새콤달콤하게 무친 것으로 재료의 맛을 살리고 영양의 손실은 적게 하는 조리법이다.

■ 조림

조림은 육류 · 어패류 · 채소류 등에 간장이나 고추장을 넣고, 간이 스며들도록 약한 불에서 오랜 시간 익히는 조리법이다. 간을 세게 하여 오래 두고 먹는다.

■ 초

초는 해삼 · 전복 · 홍합 등에 간장 양념을 넣고 약한 불에서 끓이다가 녹말을 물에 풀어 넣어 익힌 음식이다. 국물이 걸쭉하고 윤기가 난다.

■ 볶음

볶음은 육류 · 어패류 · 채소류 등을 손질하여 기름에만 볶는 것과 간장 · 설탕 등으로 양념하여 볶는 것 등이 있다.

■ 구이

구이는 육류 · 어패류 · 채소류 등을 재료 그대로 또는 양념한 다음 불에 구운 음식이다.

■ 전·적

전은 육류 · 어패류 · 채소류 등의 재료를 다지거나 얇게 저며 밀가루와 달걀로 옷을 입혀서 기름에 지진 음식이다. 적은 재료를 양념하여 꼬치에 꿰어 굽는 음식이다.

■ 회·편육·족편

회는 육류나 어류 · 채소 등을 날로 먹거나 끓는 물에 살짝 데쳐서 초간장 · 초고추장 · 겨자즙 등에 찍어 먹는 음식이다. 편육은 쇠고기나 돼지고기를 삶아 눌러서 물기를 빼고 얇게 저며 썬 음식이고, 족편은 쇠머리나 쇠족 등을 장시간 고아서 응고시켜 썬 음식이다.

■ 마른 찬

마른 찬은 육류 · 생선 · 해물 · 채소 등을 저장하여 먹을 수 있도록 소금에 절이고 양념하여 말리거나 튀겨서 먹는 음식이다.

■ 장아찌

장아찌는 무 · 오이 · 도라지 · 마늘 등의 채소를 간장 · 된장 · 고추장 등에 넣어 오래 두고 먹는 저장 음식이다.

■ 젓갈

젓갈은 어패류의 내장이나 새우 · 멸치 · 조개 등에 소금을 넣어 발효시킨 음식으로 반찬이나 조미료용 식품으로 쓰인다.

■ 김치

김치는 배추나 무 등의 채소를 소금에 절여서 고추 · 마늘 · 파 · 생강 · 젓갈 등의 양념을 넣고 버무려 익힌 음식이다. 한국의 대표적인 저장 발효음식으로 가장 기본이 되는 반찬이다.

(3) 후식류

■ 떡

떡은 쌀 등의 곡식 가루에 물을 주어 찌거나 삶아서 익힌 곡물 음식의 하나로 통과의례와 명절 행사 때에 꼭 쓰인다.

■ 한과

한과는 전통과자를 말하는데 만드는 법이나 재료에 따라 유과류, 약과류, 엿강정류, 매작과류, 정과류, 숙실과류, 다식류, 과편류 및 엿류 등으로 나뉜다.

■ 음청류

음청류는 술 이외의 기호성 음료를 말한다.

2. 한식 기본 식재료

1) 한식 기본 식재료

(1) 곡류

곡류는 식량으로 사용할 수 있는 전분질의 종자로 곡식 또는 곡물이라고도 한다. 곡류는 주로 볏과에 속하며 쌀, 보리류 및 잡곡류 등으로 분류하는데 보리(겉보리, 쌀보리, 맥주보리), 밀, 귀리, 호밀 등은 보리류에 속하고, 옥수수, 조, 기장, 피, 수수, 메밀 등은 잡곡류에 속한다. 일반적으로 탄수화물이 약 60~70%, 단백질이 9~14%, 지질은 약 2~3%로 적게 함유하고 있다. 알곡 그대로 가공하여 먹기도 하고 제분 과정을 거친 다음 가공하여 고운 가루(flour), 굵은 가루(grit 작은술) 또는 시럽, 전분 등 여러 형태로 만들어서 사용한다.

■ 쌀

쌀에는 찹쌀과 멥쌀이 있다. 전분의 화학적 성질에 의해 아밀로펙틴이 100%로 점성이 강한 찹쌀, 아밀로오스가 약 20~25%, 아밀로펙틴이 75~80% 정도로 점성이 약한 멥쌀로 구분된다. 도정도에 따라 왕겨층을 벗겨낸 현미와 내배유로 구성된 백미가 있다.

쌀은 도정을 많이 할수록 단백질, 지방, 회분, 섬유소, 무기질 및 비타민의 함량이 감소되고 당질의 함량은 증가한다.

■ 보리

보리는 껍질이 알맹이에서 분리되지 않는 겉보리와 성숙 후에 잘 분리되는 쌀보리가 있다. 또한 보리쌀을 기계로 눌러 단단한 조직을 파괴하여 가공한 보리인 압맥과 보리도정 후 보리쌀을 홈을 따라 2등분으로 분쇄하여 가공한 할맥이 있다. 압맥은 보리알의 조직이 파괴되어 물이 쉽게 흡수되어 소화율도 높아진다. 할맥은 섬유소의 함량이 낮아지므로 밥을 지었을 때 모양과 색뿐만 아니라 입 안에서의 느낌도 쌀과 비슷하고 소화율도 높아 많이 이용된다.

■ 수수

수수는 재배가 쉽고 수확량이 많지만, 청산을 함유하고 있어 날것으로 과량 먹으면 중독현상을 일으키기도 한다. 단백질과 지방이 많이 함유된 차수수와 단백질과 지방이 적어 식용으로는 부적당한 메수수, 고량으로 구분할 수 있다. 밥에 섞어 사용되며, 떡, 엿, 죽 및 과자의 제조에 이용된다.

■ 조

다른 곡류가 잘 재배되지 않는 지역에서도 잘 자란다. 기호성이 우수한 편은 아니지만 소화율이 보리류보다 좋고 칼슘 함량이 많다. 전분의 성질에 따라 메조와 차조로 나뉜다. 메조는 쌀이나 보리와 함께 혼식용으로 이용되며 죽, 단자 등으로 이용된다. 차조는 밥, 엿, 떡 또는 민속주의 원료로 이용되고 있다.

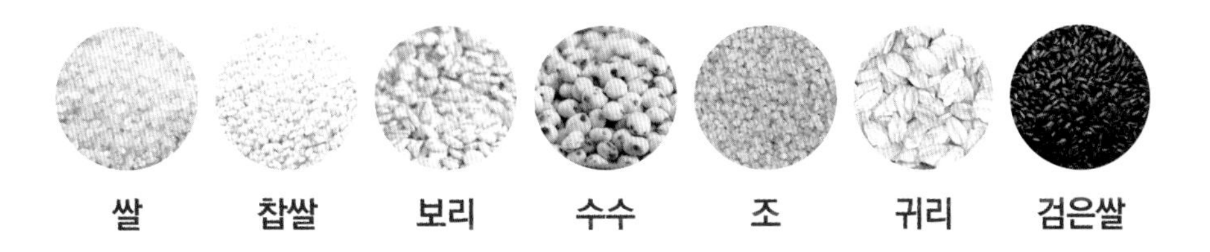

(2) 두류

두류는 콩과식물의 꼬투리 속의 종자의 총칭으로 대부분의 꼬투리는 열매로 열리나 땅콩과 같은 꼬투리는 땅속에서 성장하는 것도 있다. 두류는 저장과 수송이 편리하고 양질의 단백질과 지방의 중요한 공급원으로 영양가가 우수한 식품이다. 우리나라에서 주로 생산되는 두류에는 콩(대두), 팥(적두), 녹두, 땅콩, 강낭콩, 동부 및 완두 등이 있다. 두류는 보통 단백질 함량이 20~40%로 매우 높은 편이어서 단백질 식품으로 알려져 있으나 종류에 따라 구성성분의 차이가 크다.

■ 콩

대두라고도 한다. 자실의 형태와 색깔은 대부분 둥글고 황색인데, 푸른색을 띠는 청대콩이나 검정콩, 자실이 매우 작은 쥐눈이콩, 그 밖에 갈색, 얼룩콩 및 아주까리콩 등 매우 다양하다. 콩은 우리 민족의 식생활에서 가장 중요한 단백질원이 되어 왔다. 콩은 가공하여 두부, 된장, 간장, 콩가루, 과자 및 콩기름 등을 만든다. 그 밖에 콩나물로 길러 먹기도 한다.

■ 팥

소두, 적두라고도 한다. 종자의 길이는 4~8mm, 너비 3~7mm의 원통형이고 양끝은 둥글다. 씨껍질의 색깔에 따라서 붉은팥, 검정팥, 푸른팥 및 얼룩팥 등으로 구별한다. 팥에는 전분 등의 탄수화물이 약 50% 함유되어 있으며, 그 밖에 단백질이 약 20% 함유되어 있다. 팥에는 사포닌

(saponin)이 0.3~0.5% 함유되어 있는데, 이것은 기포성이 있어 삶으면 거품이 일고, 장을 자극하는 성질이 있어 과식하면 설사의 원인이 된다.

■ 녹두

안두(安豆), 또는 길두(吉豆)라고도 한다. 녹두전분은 특히 점성이 강하여 묵을 쑤는 원료로 사용된다. 청포(녹두묵), 빈대떡, 소, 떡고물, 녹두차, 녹두죽 및 숙주나물 등은 모두 양질의 식품이다. 녹두로 만든 전분이나 당면은 품질이 우수한 반면에 값이 비싸다.

■ 땅콩

낙화생(落花生)이라고도 한다. 열매가 땅속에서 여문다. 종자가 큰 대립종은 단백질 함량이 높아서 보통 간식용으로 하며, 종자가 작은 소립종은 지방 함유율이 높아서 기름을 짜거나 과자나 빵 등 식품의 가공에 이용된다.

■ 강낭콩

열매는 원통형이거나 좀 납작한 원통형의 꼬투리이다. 열매는 밥에 넣어서 먹거나 떡이나 과자의 소로 쓰고 어린 꼬투리는 채소로 쓰인다.

콩 팥 녹두 강낭콩 땅콩

(3) 서류

서류에는 감자와 고구마 외에 토란, 마, 돼지감자, 카사바 등이 이에 속한다, 일반적으로 서류 식품은 주성분이 탄수화물인 것은 곡류와 같으나 곡류보다 수분 함량이 70~80%로 높아서 냉해에 약하고 발아되기 쉬워서 저장성은 떨어진다.

■ 감자

감자는 점질인 것과 분질인 것으로 구분되므로 조리 시 용도에 맞게 선택해 사용하는 것이 좋다. 점질 감자는 끓이거나 조릴 때 잘 부서지지 않아 샐러드나 기름을 사용하여 볶는 요리에 적당하다. 분질 감자는 조리했을 때 보슬보슬하게 부스러지기 쉬운 성질이 있으므로 굽거나 쪄서 으깨는 요리에 더 알맞다.

■ 고구마

고구마의 모양은 긴 방추형에서 구형까지 여러 가지가 있다. 수분을 제외한 고구마의 주성분은 탄수화물이고 그 대부분은 전분이다. 고구마는 칼륨이 많고 칼슘, 인 및 마그네슘 등도 들어있어 알칼리성 식품이다. 감자보다 탄수화물이나 비타민C가 많으며 수분이 적기 때문에 칼로리가 높다. 찌거나 굽기를 하여 이용된다.

■ 토란

우리나라에서는 추석 절기의 음식으로 이용되며, 토란 줄기도 말려 두었다가 겨울철의 저장채소로 이용하기도 한다. 토란의 아린 맛은 물에 담가 놓으면 제거할 수 있다. 토란은 껍질로 둘러싸여 있어 조미료가 내부로 침투하기 어려우므로 조미하기 전에 소금으로 문지르거나, 끓는 물에 데쳐내어 먼저 이를 제거해 주도록 한다.

■ 마

서류 중에서 생식할 수 있는 유일한 것이다. 한꺼번에 수확하여 두면 부패하기 쉬우므로 출하할 때마다 캐는 것이 바람직하다. 우리나라에서 가장 일반적인 것은 참마로 수분이 많고 점성이 적으며 사각사각한 질감이 나고 가격이 저렴한 것이 특징이다.

감자　　고구마　　마

(4) 채소류

채소는 식용을 목적으로 재배되는 초본식물의 총칭이다. 일반적으로 사용되는 부위에 따라 근채류 · 엽채류 · 경채류 · 과채류 · 화채류로 분류한다. 채소의 주성분은 수분으로 90% 이상을 차지하고 있다. 채소류는 한국인의 비타민A, 비타민C의 주 공급원이며 무기질은 칼슘이나 칼륨이 많기 때문에 알칼리성 식품이다. 채소류는 식이섬유가 많아 변비를 막아준다. 또한 색, 향기, 산뜻한 맛에 의해 식욕을 증진시켜 주며 소화액의 분비를 높여준다.

채소류에는 파, 양파, 마늘, 생강, 오이, 우엉, 연근, 시금치, 배추, 무, 고추, 애호박, 콩나물, 고사리 등이 있다.

(5) 과일류

과일은 나무나 풀에서 나는 먹을 수 있는 열매이다. 과실이라고도 한다. 아름다운 색과 향기로운 냄새, 새콤달콤한 맛, 과즙이 풍부하고 부드럽거나 아삭아삭한 질감 등으로 인해 매력적인 식품이다. 사과, 복숭아, 살구, 배, 감, 자두, 딸기, 포도, 귤 등이 있다.

(6) 육류

우리가 먹는 육류에는 쇠고기, 돼지고기, 양고기 등의 수육류와 닭고기, 오리고기, 칠면조 고기, 꿩고기 등의 가금류가 포함된다.

■ 소고기

소고기는 육우로서 사육한 4~5세의 암소 고기가 연하고 가장 좋으며, 그다음에는 비육한 수소(황소), 송아지, 늙은 소의 순이다. 적당히 성숙하고 잘 비육된 소는 육색소(미오글로빈)의 함량이 높아 돼지고기에 비해 진한 색을 나타내어 선홍색이나 적갈색을 띤다. 소고기는 부위별로 그 특성이 다르기 때문에 조리법을 달리하여야 독특한 맛을 즐길 수 있다.

■ 돼지고기

돼지고기 요리로는 양념하여 구이나 볶음을 하고, 갈비나 족으로는 찜을 하며, 돼지머리는 삶아 눌러 돼지머리 편육을 만든다. 돼지고기의 부위는 쇠고기만큼 자세히 분류하지 않고 목심, 등심, 안심, 갈비, 삼겹살, 앞다리, 뒷다리 등 7부위로 구분한다. 육색이 연분홍빛을 띤 것이 좋다.

■ 닭고기

닭고기는 대표적인 가금류이다. 닭고기는 수육에 비해 연하고 맛과 풍미가 담백하고 조리하기 쉽고 영양가도 높아 전 세계적으로 폭넓게 요리에 사용된다. 고기가 단단하고 껍질막이 투명하고 크림색을 띠며 털구멍이 울퉁불퉁 튀어나온 것이 좋다. 연령, 성별, 무게, 부위 등에 따라 조리 용도가 다르므로 구매 시 고려해야 한다. 날개에서 가슴에 이르는 살은 희고 지방이 적어 산뜻한 맛이 나므로 튀김, 찜, 죽 등에 쓰이고, 넓적다리 살은 빛깔이 붉고 지방이 많아 로스트나 커틀릿 등에 알맞다.

(7) 어패류

어패류는 척추동물인 어류와 부드러운 연체류, 딱딱한 껍질을 가진 조개류와 갑각류 등으로 분류된다. 어패류는 육류보다 지질의 조성이 우수하나 불포화지방산 함량이 높아서 쉽게 산패하며, 조직이 연하여 세균의 오염을 받기 쉬워 신선도를 유지하는 데 어려움이 있으므로 유통과정에 특히 주의를 기울여야 한다.

■ 어류

어류는 머리, 몸체 및 꼬리 등의 세 부분으로 나누며 몇 개의 지느러미가 있다. 어류는 붉은살생선과 흰살생선이 있는데 보통 활동성이 있는 표층고기는 붉은살생선이 많고, 운동성이 적은 심층고기에는 흰살생선이 많다. 해수어에는 갈치, 고등어, 꽁치, 대구, 도미, 멸치, 명태, 민어, 병어, 복어, 옥돔, 임연수어, 전어, 조기 등이 있으며, 담수어에는 가물치, 메기, 미꾸라지, 잉어, 은어 등이 있다.

■ 연체류

연체류에는 문어, 오징어, 꼴뚜기, 낙지 등이 속하며 몸이 부드럽고 마디가 없는 것이 특징이다.

■ 패류

패류에는 바지락, 백합, 대합, 꼬막, 우렁이 등이 속하며 딱딱한 껍질을 가지고 있거나 두 개의 껍질 안에 근육조직을 가지고 있다.

■ 갑각류

새우, 꽃게, 대게, 왕게, 가재 등이 이에 속하며 키틴질의 딱딱한 껍질로 자기 몸을 보호하며 껍질은 여러 조각으로 마디마디 구분된 것이 특징이다. 주로 바다에 서식하고 있으나 바다와 만나는 강의 하구 또는 담수에서도 산다.

3. 한식 기본 조리법

1) 조리의 목적

(1) 조리의 의미

조리는 넓은 의미로는 식사계획에서부터 식품의 선택, 조리조작 및 식탁차림 등 준비에서부터 마칠 때까지의 전 과정을 말하나, 좁은 의미로는 식품을 조작하여 먹을 수 있는 음식으로 만드는 것이다.

■ 조리의 목적

- 식품이 함유하고 있는 영양가를 최대로 보유하게 하는 것
- 향미를 더 좋게 향상시키는 것
- 음식의 색이나 조직감을 더 좋게 하여 맛을 증진시키는 것
- 소화가 잘 되도록 하는 것
- 유해한 미생물을 파괴시키는 것

2) 한국음식의 기본 조리법

(1) 비가열조리

어떤 식품을 생것으로 먹기 위한 조리방법으로 생 조리라고도 한다. 겉절이, 생채, 각종 화채 등의 채소나 과일을 이용한 음식류와 생선회 및 육회 등이 있다.

■ 비가열조리의 특성

- 성분의 손실이 적어 수용성 · 열분해성 비타민, 무기질 등의 이용률이 높다.
- 식품 본래의 색과 향의 손실이 적어 식품 자체의 풍미를 살린다.
- 조리가 간단하고 시간이 절약된다.
- 위생적으로 취급하지 않으면 기생충 등의 감염이 일어난다.

(2) 가열조리

대부분의 식품은 가열조리를 하여 먹는다. 가열 그 자체는 물리적인 조작이나 가열되는 동안 일어나는 성분의 변화는 화학적이다. 가열되는 동안 성분의 변화가 일어나 전혀 다른 맛과 조직감을 갖게 된다. 가열조리 방법으로는 물을 열전달 매체로 하여 가열하는 습열조리방법(삶기, 끓이기, 데치기 및 찌기 등)과 기름이나 복사열에 의해 가열하는 건열조리방법(구이, 볶음, 튀김 및 전 등)이 있다.

4. 식재료의 계량

1) 계량

정확한 계량은 재료를 경제적으로 사용하고 과학적인 조리를 할 수 있는 기본이 된다. 과학적이고 실패 없는 조리를 하기 위해서는 재료의 계량이 정확하게 이루어져야만 가능하다. 저울로 무게를 재는 것이 가장 정확하나 계량컵이나 계량스푼과 같은 기구로 부피를 재는 것이 더 편리하다. 식품의 밀도가 다르기 때문에 정확한 계량기술과 표준화된 기구를 사용하는 것이 중요하다.

(1) 저울

- 저울은 무게를 측정하는 기구로 g, kg으로 나타낸다.
- 저울을 사용할 때는 평평한 곳에 수평으로 놓고 지시침이 숫자 '0'에 놓여 있어야 한다.

(2) 계량컵

- 계량컵은 부피를 측정하는 데 사용된다.
- 미국 등 외국에서는 1컵을 240ml로 하고 있으나 우리나라의 경우 1컵을 200ml로 하고 있다.

(3) 계량스푼

계량스푼은 양념 등의 부피를 측정하는 데 사용되며 큰술(Table spoon), 작은술(tea spoon)로 구분한다(1큰술 = 15ml, 1작은술 = 5ml).

2) 계량방법

정확한 계량기구가 있다 하더라도 사용하는 방법에 따라 문제가 생길 수 있고, 계량기구를 부정확하게 사용하면 좋은 품질의 음식을 만들 수 없다. 재료의 계량이 정확하여야만 좋은 품질의 음식을 일관성 있게 만들 수 있다.

(1) 가루 상태의 식품

가루를 계량할 때는 부피보다는 무게로 계량하는 것이 정확하나 편의상 부피로 계량하고 있다. 가루 상태의 식품은 입자가 작고 다져지는 성질이 있기 때문에 덩어리가 없는 상태에서 누르지 말고 수북하게 담아 평평한 것으로 고르게 밀어 표면이 평면이 되도록 깎아서 계량하도록 한다.

(2) 액체식품

기름 · 간장 · 물 · 식초 등의 액체식품은 액체 계량컵이나 계량스푼에 가득 채워서 계량하거나 평평한 곳에 놓고 눈높이에서 보아 눈금과 액체의 표면 아랫부분을 눈과 같은 높이로 맞추어 읽는다.

(3) 고체식품

고체지방이나 다진 고기 등의 고체식품은 계량컵이나 계량스푼에 빈 공간이 없도록 가득 채워서 표면을 평면이 되도록 깎아서 계량한다.

(4) 알갱이 상태의 식품

쌀 · 팥 · 통후추 · 깨 등의 알갱이 상태의 식품은 계량컵이나 계량스푼에 가득 담아 살짝 흔들어서 공극을 메운 뒤 표면을 평면이 되도록 깎아서 계량한다.

(5) 농도가 큰 식품

고추장, 된장 등의 농도가 큰 식품은 계량컵이나 계량스푼에 꾹꾹 눌러 담아 평평한 것으로 고르게 밀어 표면이 평면이 되도록 깎아서 계량한다.

3) 계량단위

1컵 = 1 Cup = 1C = 약 13큰술 + 1작은술 = 물 200ml = 물 200g

1큰술 = 1 Table spoon = 1큰술 = 3작은술 = 물 15ml = 물 15g

1작은술 = 1 tea spoon = 1작은술 = 물 5ml = 물 5g

5. 양념과 고명

1) 한식 기본양념

'양념'은 음식을 만들 때 식품이 지닌 고유한 맛을 살리면서 음식의 특유한 맛을 내기 위해 사용되는 여러 가지 재료를 말한다. 양념은 '조미료'와 '향신료'로 나눌 수 있다.
조미료는 기본적으로 짠맛, 단맛, 신맛, 매운맛 및 쓴맛 등의 다섯 가지 기본 맛을 내는 것들로 음식에 따라 조미료를 적당히 혼합하여 맛을 내는 것이다. 향신료는 그 자체가 좋은 향기가 나거나 매운맛, 쓴맛 및 고소한 맛 등을 내는 것들이다. 식품 자체가 지닌 좋지 않은 냄새를 없애거나 감소시키고, 특유한 향기로 음식의 맛을 더욱 좋게 한다. 양념은 음식의 맛을 결정짓는 중요한 기본재료이며 양념의 종류, 분량 및 음식 등에 넣는 시기에 의해서 맛이 좌우된다.

맛을 내는 양념

맛			식품
오미	짠맛	함(鹹)	소금, 간장, 된장, 젓갈
	단맛	감(甘)	설탕, 꿀, 조청, 과당, 포도당, 물엿
	신맛	산(酸)	식초, 감귤류의 즙, 과일초
	매운맛	신(辛)	고추, 겨자, 산초, 후추, 파, 마늘, 생강
	쓴맛	고(苦)	생강

출처 : 황혜성 외(2010) [3대가 쓴 한국의 전통음식], 교문사, p.107

(1) 조미료

한국음식의 조미료에는 간장, 소금, 된장, 고추장, 식초 및 설탕 등이 있다.

■ 간장

간장은 콩으로 만든 우리 고유의 발효식품으로 메주를 소금물에 담가 숙성시킨다. 염도는 16~26%이다. 음식에 짠맛과 감칠맛을 주거나 색을 낼 때 사용한다. 국 · 전골에는 국간장(청장), 찌개나 나물을 무칠 때는 중간장, 조림 · 포 · 육류 등의 양념에는 진간장을 사용한다.

■ 소금

소금은 음식의 맛을 내는 가장 기본적인 조미료로 짠맛을 낸다. 천일염(호염)은 굵은 입자로 모래알처럼 크고 색이 약간 검다. 장을 담그거나 채소나 생선의 절임용으로 쓰인다. 꽃소금은 천일염을 다시 물에 녹여 재결정시킨 것으로 흰색의 고운 입자로 되어 있다. 채소절임이나 간 맞추기 등에 사용된다. 정제염은 염화나트륨 순도를 99% 이상으로 높인 것으로 음식의 맛을 내는 데 사용한다. 식탁염은 식탁에서 완성된 요리에 뿌린다. 맛소금은 정제염에 조미료를 가미한 것이다.

■ 된장

된장의 '된'은 '되다'의 뜻으로 콩으로 메주를 쑤어 띄운 다음, 소금물에 담가 숙성시킨 후 간장을 떠내고 남은 것으로 단백질의 좋은 공급원이 된다. 된장은 주로 찌개나 토장국의 맛을 내는 데 쓰이고, 쌈채소에 곁들이는 쌈장 등에 이용된다.

■ 고추장

간장, 된장과 함께 우리나라 고유의 발효식품이다. 매운맛을 내는 복합조미료로 찹쌀이나 보리쌀 등의 곡류를 엿기름으로 당화시켜 조청을 만들고 고춧가루, 메줏가루 및 소금 등을 혼합하여 숙성시킨다. 고추장은 찌개 · 국 · 볶음 · 나물 · 생채 등의 양념으로 사용되며 고추장을 볶아서 약고추장으로 만들어 먹기도 한다.

■ 식초

곡물이나 과일을 발효시켜 만드는 것으로 음식에 신맛과 상쾌한 맛을 준다. 식초는 조미료로 음식에 청량감을 주고 식욕을 증가시켜 소화와 흡수를 돕는다. 또한 살균이나 방부의 효과도 있으며 식품의 색과 조직감에 영향을 준다. 식초를 사용할 때는 다른 조미료를 먼저 사용하여 음식에 스며들게 한 다음 식초를 사용한다.

■ 설탕, 꿀, 조청

설탕은 단맛을 내는 조미료로 가장 많이 쓰인다. 사탕수수나 사탕무로부터 당액을 분리하여 정제, 결정화하여 만든다. 정제도가 높을수록 감미도가 높고 시원한 단맛을 준다. 설탕은 감미 외에 탈수성과 보존성을 가지고 있다.

꿀은 인류가 사용한 가장 오래된 감미료이다. 꿀은 과당과 포도당으로 구성되어 단맛이 강하고 독특한 향을 가지고 있다. 흡습성이 있어 음식이 건조되는 것을 방지한다. 백청 또는 청이라고도 한다.
조청은 곡류를 엿기름으로 당화시켜 오래 고아서 걸쭉하게 만든 갈색의 묽은 엿으로 독특한 향이 있다. 과자나 밑반찬용 조림에 많이 사용된다.

■ 젓갈

어패류에 소금을 넣어 숙성시킨 것이다. 소금 대신 국, 찌개 및 나물 등의 간을 맞추는 조미료로 쓰이는데 소금 간보다 감칠맛이 난다.

모체 양념군에 따른 기본 양념장의 종류

모체 양념군	기본 양념장	응용 양념장
간장군	간장구이장	불고기양념장, 생선구이장, 북어구이장
	간장볶음장	쇠고기장조림장, 생선조림장, 잡채양념장, 궁중떡볶이양념장
	간장찜장	갈비찜양념장, 닭찜양념장, 아귀찜양념장
	간장무침장	간장나물무침장, 어육양념장, 초간장
고추장군	고추장볶음장	제육볶음장, 닭볶음장, 오징어볶음장, 떡볶이양념장
	매운탕양념장	해물매운탕양념장, 민물매운탕양념장, 순두부찌개양념장
	고추장비빔장	비빔밥양념장, 비빔국수양념장
	초고추장	생선회초고추장, 고추장나물무침장

출처 : 농촌진흥청 국립농업과학원 기술지원팀(2014). [한식양념장으로 간편하게 조리하기]. 농촌진흥청

(2) 향신료

강한 향기나 자극성의 맛을 지니고 있어서 음식의 맛을 향상시키거나 음식의 향미에 변화를 준

다. 향신료에는 고추, 기름, 깨, 파, 마늘, 생강, 겨자, 후추 및 산초 등이 있다.

■ 고추

한국 음식의 매운맛을 내는 데는 주로 고추가 쓰인다. 고추는 자극적이며 음식에 넣으면 감칠맛이 있다. 고추는 말려서 실고추로 만들거나 빻아서 고춧가루를 만들어 사용하기도 한다. 고춧가루는 용도에 따라 입자의 크기가 달라진다. 굵은 고춧가루는 김치에 적당하고 중간 고춧가루는 김치와 깍두기용으로, 고운 고춧가루는 고추장이나 일반 조미용으로 적당하다.

■ 기름

참기름, 들기름, 식용유 및 고추기름 등이 있다. 참기름은 독특한 향기가 있으며 한국 음식에 거의 빠지지 않고 들어가는 대표적인 식물성 기름으로 나물 무치는 데 주로 사용된다. 들기름은 구수하고 깊은 맛이 나며 나물 볶을 때 많이 사용하나 불포화지방산이 다량 함유되어 있으므로 오래 두게 되면 산패되기 쉽다. 식용유는 콩기름, 옥수수기름, 면실유, 채종유 및 미강유 등이 있으며 부침이나 튀김요리를 할 때 많이 사용한다.

■ 마늘

마늘의 매운맛과 냄새는 황을 함유한 성분에 기인한다. 주로 고기 누린내나 생선 비린내를 없애는 데 사용된다. 한국 음식의 필수 향신료이다.

■ 생강

특유의 향과 매운맛이 나는 뿌리를 이용한다. 생강의 매운맛은 가열해도 분해되지 않는다.

■ 후추

후추의 매운맛 성분인 채비신은 껍질에 많기 때문에 일반적으로 색이 짙은 검은 후추가 흰 후추에 비해 매운맛이 강하다.

■ 겨자

황색인 백겨자와 적갈색인 흑겨자 두 종류의 종자가 있다. 겨자 가루 상태로 사용되기도 하며, 겨자 소스나 페이스트 등의 상태로 이용한다.

■ 산초

산초는 상쾌한 향과 매운맛을 낸다. 생선의 비린내를 없애 주고, 음식의 맛을 깔끔하게 해 준다.

2) 한식 고명

'고명'은 음식의 겉모양을 좋게 하려고 음식 위에 뿌리거나 얹는 것이다. '웃기' 또는 '꾸미'라고도 하며, 음식을 돋보이게 할 뿐만 아니라 맛과 영양을 보충하기 위하여 음식에 장식하거나 뿌리는 것을 말한다. 우리나라 전통음식은 음양오행설을 바탕으로 오방색인 붉은색, 초록색, 노란색, 흰색 및 검은색 등을 지닌 식품을 고명으로 사용한다.

고명의 오방색에 따른 분류

	고명의 종류	식품
채소와 달걀	붉은색(赤)	건고추, 실고추, 다홍고추, 당근, 대추
	초록색(綠)	미나리, 실파, 호박, 오이, 풋고추, 쑥, 취
	노란색(黃)	달걀노른자, 황화채
	흰색(白)	달걀흰자
	검은색(黑)	석이버섯, 표고버섯
종실류	흰색	흰깨, 밤, 잣, 호두
	초록색	은행
	검은색	흑임자
고기	고기완자	쇠고기
	고기채	쇠고기

출처 : 황혜성 외(2010). [3대가 쓴 한국의 전통음식]. 교문사. p.112

(1) 달걀지단

달걀을 흰자와 노른자로 나누어서 풀어놓은 다음, 팬에 부어 얇게 펴서 양면을 지져 용도에 맞는 모양으로 썬다. 지단은 고명 중에 흰색과 노란색을 가진 자연식품 중에 가장 널리 쓰인다. 채 썬 지단은 나물이나 잡채에, 골패형과 마름모꼴은 국이나 찜, 전골 등에 쓴다.

줄알이란 뜨거운 장국이 끓을 때 푼 달걀을 줄을 긋듯이 줄줄이 넣어 부드럽게 엉기게 하는 것을 말하는데 국수나 만둣국, 떡국 등에 쓰인다.

(2) 미나리초대

미나리의 줄기 부분만 꼬치에 가지런하게 꿰어 밀가루를 묻혀 달걀 푼 것을 씌우고, 번철에 기름을 두르고 양면을 지진다. 마름모꼴이나 골패 모양으로 썰어서 탕, 신선로 및 전골 등에 넣는다. 실파나 쑥갓도 초대를 만들어 사용하기도 한다.

(3) 고기완자

쇠고기를 곱게 다져 양념하여 고루 섞어 둥글게 빚는다. 완자의 크기는 음식에 따라 직경 1~2cm 정도로 빚는다. 밀가루와 달걀 푼 것을 입혀서 번철에 기름을 두르고 굴리면서 전체를 고르게 지진다. 신선로, 면, 전골 등에 쓴다.

(4) 알쌈

쇠고기를 곱게 다져서 양념하여 콩알만큼씩 만들어 번철에 기름을 두르고 익혀낸 다음, 흰자와 노른자로 분리하여 푼 달걀을 번철에 한 숟가락씩 떠놓고 반쯤 익으면 익힌 쇠고리를 놓고 반으로 접어 반달모양으로 지진다. 신선로나 된장찌개의 고명으로 사용한다.

(5) 버섯류

말린 표고버섯, 목이버섯, 석이버섯 및 느타리버섯 등을 불려서 손질하여 고명으로 쓴다. 표고버섯은 기둥을 떼고 얇게 저며 채 썰고 양념한 다음 팬을 달구어 기름을 두르고 볶아서 사용하거나, 은행잎 모양, 골패형 또는 마름모꼴로 썰어 고명으로 사용한다. 석이버섯은 이끼를 비벼 씻은 후 돌기를 떼어 내고 물기를 닦아 채 썰어 소금과 참기름으로 양념하여 볶아서 사용한다. 목이버섯은 먹기 좋게 3~4등분으로 찢은 후 양념하여 볶는다.

(6) 실고추

붉은색의 곱게 말린 고추를 갈라서 씨를 발라내고 젖은 행주로 덮어 부드럽게 하여 두 개 정도씩 꼭꼭 말아서 곱게 채 썬다. 시중에 썰어 파는 것은 길이를 4cm 정도씩 짧게 끊어서 사용하도록 한다(황혜성 · 한복려 · 한복진, 2010).

(7) 홍고추, 풋고추

말리지 않은 홍고추나 풋고추를 갈라 씨를 빼고 채로 썰거나 완자형이나 골패형으로 썰어 웃기로 쓴다. 익힌 음식의 고명으로 사용할 때는 끓는 물에 살짝 데쳐서 얹는다. 잡채나 국수의 고명으로도 쓴다.

(8) 통깨

참깨를 잘 일어 볶아서 빻지 않고 그대로 통째로 나물 · 잡채 · 적 · 구이 등의 고명으로 사용한다(황혜성 · 한복려 · 한복진, 2010).

(9) 호두

딱딱한 껍질을 벗기고 알맹이가 부서지지 않게 꺼내어 반으로 갈라서 더운 물에 잠시 담갔다가 꼬치 등으로 속껍질을 벗긴다. 찜이나 신선로 · 전골 등의 고명으로 사용한다.(황혜성 · 한복려 · 한복진, 2010).

(10) 대추

대추는 실고추처럼 붉은색의 고명으로 쓰이는데, 단맛이 있어 어느 음식에나 적합하지는 않다. 마른 대추는 찬물에 씻어 마른 행주로 닦고, 살을 발라내어 채로 썰어서 고명으로 사용한다. 찜에는 크게 썰어 넣고 보쌈김치나 백김치 등에는 채로 썰어 넣고, 식혜와 차에도 채로 썰어 띄우며, 대추는 보통 음식보다는 떡이나 과자류에 많이 사용한다(황혜성 · 한복려 · 한복진, 2010).

(11) 잣

잣은 되도록 굵고 통통하며 기름이 겉으로 배이지 않고 보송보송한 것이 좋다. 잣은 뾰족한 쪽의 고깔을 떼어 낸 후 통째로 쓰거나, 길이 방향으로 반으로 갈라 비늘잣으로 하거나 잣가루로 하여 쓴다.

6. 썰기

1 기본 썰기

1) 기본 썰기 방법

재료를 써는 방법에는 밀어 썰기, 당겨 썰기 및 내려 썰기 등 다양한 썰기 방법이 있다.
칼의 사용방법은 써는 식품의 종류나 용도에 따라서 칼의 사용 부위와 조작의 방향이 정해진다.
칼은 칼날의 끝과 중앙 및 칼등 등의 세 부분으로 나누어 용도에 따라 사용한다.

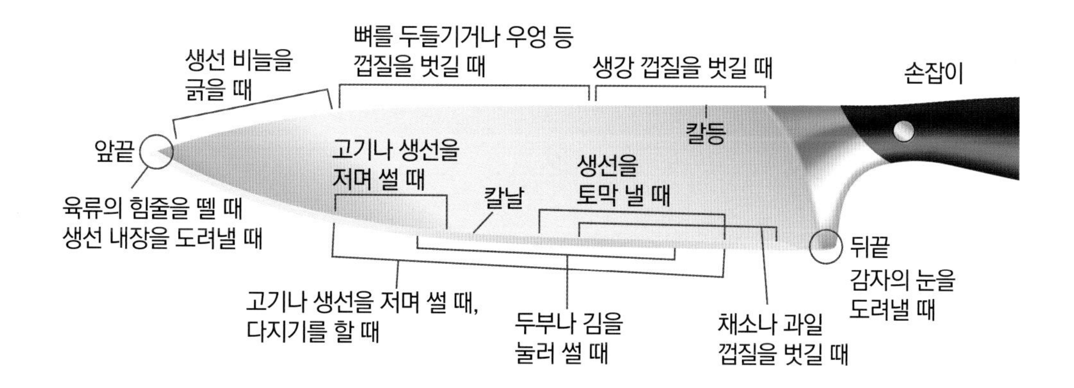

(1) 칼질하는 방법

칼을 잡을 때는 힘을 주지 말아야 한다. 힘을 주어 잡으면 유연성이 결여되어 손을 벨 염려가 있다.

■ 칼질법의 종류

- **밀어 썰기**

– 모든 칼질의 기본이 되는 칼질법이다. 피로도와 소리가 작아 가장 많이 사용하는 칼질법이다. 안전사고도 적다.

– 무, 양배추 및 오이 등을 채 썰 때 사용한다.

- **작두 썰기(칼끝 대고 눌러 썰기)**

– 배우기에 쉬운 방법이다. 칼이 잘 들지 않을 때 사용하면 편하다. 칼의 길이가 27cm 이상 되는 칼로 하는 것이 편하다.

– 무나 당근같이 두꺼운 재료를 썰기에는 부적당하다.

- **칼끝 대고 밀어 썰기**

– 밀어 썰기와 작두 썰기를 겸한 방법으로 소리가 작은 장점과 밀어 썰기보다 조금 쉬워 쉽게 배울 수 있는 장점이 있다. 두꺼운 재료를 썰기에는 부적당하다. 주로 양식조리에 많이 사용한다.

– 고기처럼 질긴 것을 썰 때 힘이 분산되지 않고 한 곳으로 집중되어 썰기 좋다.

- **후려 썰기**

– 속도가 빠르고 손목의 스냅을 이용하기 때문에 힘도 적게 든다. 많은 양을 썰 때 적당하다. 정교함이 떨어지고 소리가 크게 나는 단점이 있다.

– 칼날이 넓은 칼을 사용하여 안전사고에 유의한다.

- **칼끝 썰기**

– 양파를 곱게 썰거나 다질 때 양파가 흩어지지 않게 하기 위해 칼끝으로 양파의 뿌리 쪽을 그대로 두어 한쪽을 남기며 써는 방법이다.

– 한식에서 다질 때 많이 사용한다.

- **당겨 썰기**

– 오징어 채 썰기나 파 채 썰기 등에 적당한 방법으로 칼끝을 도마에 대고 손잡이를 약간 들었다 당기며 눌러 써는 방법이다.

- **당겨서 눌러 썰기**

– 내려치듯이 당겨 썰고 그대로 살짝 눌러 썰리게 하는 방법으로 초밥이나 김밥을 썰 때 칼에 물을 묻히고 내려치듯이 당겨 썰고 그대로 살짝 눌러 김이 썰리게 하는 방법이다.

- **당겨서 밀어붙여 썰기**

– 주로 회를 썰 때 많이 사용하는 칼질법이다. 발라낸 생선살을 일정한 간격으로 썰 때 적당하다.

– 칼을 당겨서 썰어 놓은 횟감을 차곡차곡 옆으로 밀어붙여 겹쳐 가며 써는 방법이다.

• **당겨서 떠내어 썰기**

– 발라낸 생선살을 일정한 두께로 떠내는 방법으로 주로 회를 썰 때 많이 쓰는 칼질 방법이다. 탄력이 좋은 생선을 자를 때 많이 사용하는 방법이다.

• **뉘어 썰기**

– 오징어 칼질을 넣을 때 칼을 45° 정도 눕혀 칼집을 넣을 때 사용하는 칼질 방법이다.

• **밀어서 깎아 썰기**

– 우엉을 깎아 썰거나 무를 모양 없이 썰 때 많이 사용하는 방법이다.

• **톱질 썰기**

– 말아서 만든 것이나 잘 부서지는 것을 썰 때 부서지지 않게 하기 위해 톱질하는 것처럼 왔다 갔다 하며 써는 방법이다.

• **돌려 깎아 썰기**

– 엄지손가락에 칼날을 붙이고 일정한 간격으로 돌려가며 껍질을 까는 방법이다.

• **손톱 박아 썰기**

– 마늘처럼 작고 모양이 불규칙적이고 잡기가 나쁠 때 손톱 끝으로 재료를 고정해서 써는 방법이다.

■ 여러 가지 모양 썰기

수/험/자/유/의/사/항

1. 만드는 순서에 유의하며, 위생과 숙련된 기능평가를 위하여 조리작업 시 맛을 보지 않습니다.
2. 지정된 수험자 지참준비물 이외의 조리기구나 재료를 시험장 내에 지참할 수 없습니다.
3. 지급재료는 시험 전 확인하여 이상이 있을 경우 시험위원으로부터 조치를 받고 시험 중에는 재료의 교환 및 추가지급은 하지 않습니다.
4. 요구사항 및 지급재료의 규격은 "정도"의 의미를 포함하며, 지급된 재료의 크기에 따라 가감하여 채점됩니다.
5. 위생복, 위생모, 앞치마, 마스크를 착용하여야 하며, 시험장비 · 조리도구 취급 등 안전에 유의합니다.
6. 다음 사항은 실격에 해당하여 **채점대상에서 제외**됩니다.
   - 가) 수험자 본인이 시험 도중 시험에 대한 포기 의사를 표현하는 경우
   - 나) 위생복, 위생모, 앞치마, 마스크를 착용하지 않은 경우
   - 다) 시험시간 내에 과제 두 가지를 제출하지 못한 경우
   - 라) 문제의 요구사항대로 과제의 수량이 만들어지지 않은 경우
   - 마) 완성품을 요구사항의 과제(요리)가 아닌 다른 요리(예, 달걀말이 → 달걀찜)로 만든 경우
   - 바) 불을 사용하여 만든 조리작품이 작품특성에 벗어나는 정도로 타거나 익지 않은 경우
   - 사) 해당과제의 지급재료 이외 재료를 사용하거나 요구사항의 조리기구(석쇠 등)로 완성품을 조리하지 않은 경우
   - 아) 지정된 수험자 지참준비물 이외의 조리기술에 영향을 줄 수 있는 기구를 사용한 경우
   - 자) 가스레인지 화구 2개 이상(2개 포함) 사용한 경우
   - 차) 시험 중 시설 · 장비(칼, 가스레인지 등) 사용 시 시험위원 및 타 수험자의 시험 진행에 위해를 일으킬 것으로 시험위원 전원이 합의하여 판단한 경우
   - 카) 요구사항에 표시된 실격 및 부정행위에 해당하는 경우
7. 항목별 배점은 위생상태 및 안전관리 5점, 조리기술 30점, 작품의 평가 15점입니다.
8. 시험시작 전 가벼운 몸 풀기(스트레칭) 동작으로 긴장을 풀고 시험을 시작합니다.

Part 2 NCS

한식 조리 학습모듈

한식 기초 조리실무

학/습/평/가

학습내용	평가항목	성취수준		
		상	중	하
칼 준비	칼의 종류와 사용 용도를 이해할 수 있다.			
기본 썰기	기본 썰기 방법을 습득할 수 있다.			
식재료 썰기	조리목적에 맞게 식재료를 썰 수 있다.			
칼 관리	칼을 연마하고 관리할 수 있다.			

학습자 결과물

재료 썰기

시험 시간 **25분**

요구사항

※ 주어진 재료를 사용하여 재료 썰기를 하시오.

❶ 무, 오이, 당근, 달걀지단을 썰기 하여 전량 제출하시오.(단, 재료별 써는 방법이 틀렸을 경우 실격)
❷ 무는 채썰기, 오이는 돌려깎기하여 채썰기, 당근은 골패썰기를 하시오.
❸ 달걀은 흰자와 노른자를 분리하여 알끈과 거품을 제거하고 지단을 부쳐 완자(마름모꼴) 모양으로 각 10개를 썰고, 나머지는 채썰기를 하시오.
❹ 재료 썰기의 크기는 다음과 같이 하시오.
1) 채썰기 – 0.2cm×0.2cm×5cm
2) 골패썰기 – 0.2cm×1.5cm×5cm
3) 마름모형 썰기 – 한 면의 길이가 1.5cm

지급재료

- 무 100g
- 오이(길이 25cm) 1/2개
- 당근(길이 6cm) 1토막
- 달걀 3개
- 식용유 20㎖
- 소금 10g

만드는 법

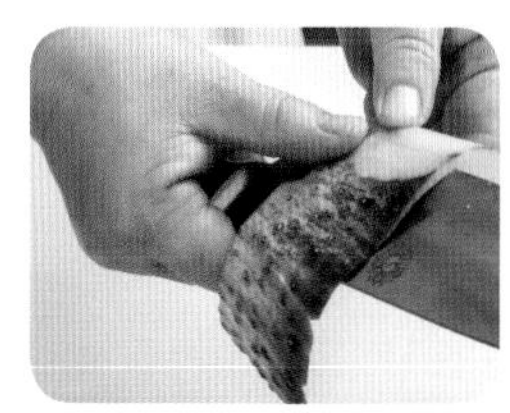

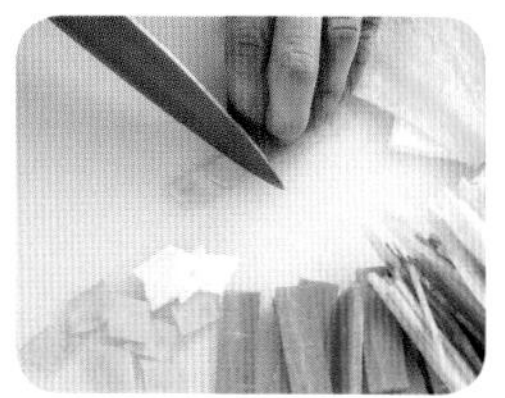

❶ 무는 깨끗이 씻어 겉면을 다듬고 0.2cm×0.2cm×5cm로 채를 썬다.
❷ 오이는 소금으로 겉면을 씻은 후 돌려깎기하여 0.2cm×0.2cm×5cm로 채를 썬다.
❸ 당근은 0.2cm×1.5cm×5cm로 골패썰기를 한다.
❹ 달걀은 황 · 백으로 분리하여 알끈과 거품을 제거하고 소금간 한 다음 지단을 부쳐 1.5cm 너비가 되도록 자른 후 사선으로 1.5cm가 되게 마름모형으로 각각 10개씩 썰고, 남은 지단은 0.2cm×0.2cm×5cm로 채를 썬다.
❺ 무, 오이, 당근, 달걀지단 썬 것을 한 접시에 보기 좋게 전량 담아 완성한다.

Point

- 달걀지단 고유의 색을 유지하도록 불 조절에 유의한다.
- 요구사항을 유념하여 각 재료의 특징에 맞게 썬다.
- 재료의 전량을 썰어 제출하시오.
- 재료별 써는 방법이 틀렸을 경우 실격된다.

MEMO

한식 밥 조리

학/습/평/가

<table>
<tr><th rowspan="2">학습내용</th><th rowspan="2">평가항목</th><th colspan="3">성취수준</th></tr>
<tr><th>상</th><th>중</th><th>하</th></tr>
<tr><td rowspan="3">밥 재료 준비</td><td>쌀과 잡곡의 비율을 필요량에 맞게 계량할 수 있다.</td><td></td><td></td><td></td></tr>
<tr><td>쌀과 잡곡을 씻고 용도에 맞게 불리기를 할 수 있다.</td><td></td><td></td><td></td></tr>
<tr><td>부재료는 조리방법에 맞게 손질할 수 있다.</td><td></td><td></td><td></td></tr>
<tr><td>돌솥, 압력솥 도구 선택</td><td>돌솥, 압력솥 등 사용할 도구를 선택하고 준비할 수 있다.</td><td></td><td></td><td></td></tr>
<tr><td>조리 시간과 방법 조절</td><td>밥의 종류와 형태에 따라 조리 시간과 방법을 조절할 수 있다.</td><td></td><td></td><td></td></tr>
<tr><td>밥 조리 시 물의 양 가감</td><td>조리도구, 조리법과 쌀 잡곡의 재료특성에 따라 물의 양을 가감할 수 있다.</td><td></td><td></td><td></td></tr>
<tr><td>뜸 들이기</td><td>조리도구와 조리법에 맞도록 화력조절, 가열시간 조절, 뜸들이기를 할 수 있다.</td><td></td><td></td><td></td></tr>
<tr><td rowspan="2">그릇 선택과 밥 담기</td><td>조리 종류와 색, 형태, 인원수, 분량 등을 고려하여 그릇을 선택할 수 있다.</td><td></td><td></td><td></td></tr>
<tr><td>밥을 따뜻하게 담아낼 수 있다.</td><td></td><td></td><td></td></tr>
<tr><td>고명 및 양념장</td><td>조리 종류에 따라 나물 등 부재료와 고명을 얹거나 양념장을 곁들일 수 있다.</td><td></td><td></td><td></td></tr>
</table>

학습자 결과물

콩나물밥

시험 시간 **30분**

요구사항

※ 주어진 재료를 사용하여 콩나물밥을 만드시오.

❶ 콩나물은 꼬리를 다듬고 소고기는 채 썰어 간장양념을 하시오.
❷ 밥을 지어 전량 제출하시오.

지급재료

- 쌀(30분 정도 물에 불린 쌀) 150g
- 콩나물 60g
- 소고기(살코기) 30g
- 대파[흰 부분(4cm)] 1/2토막
- 마늘[중(깐 것)] 1쪽
- 진간장 5㎖,
- 참기름 5㎖

만드는 법

❶ 불려서 나온 쌀은 수분을 뺀 후 양을 잰다.
❷ 대파와 마늘은 곱게 다진 다음 간장양념을 만들어 놓는다.
❸ 소고기는 핏물을 빼고 곱게 채 썬 다음 간장, 다진 파, 다진 마늘, 참기름으로 양념을 한다.
❹ 콩나물은 껍질을 제거하고 꼬리를 깔끔하게 다듬어 놓는다.
❺ 냄비에 쌀을 넣고 콩나물, 양념한 소고기를 얹고 물을 부은 후 밥을 짓는다. 이때 불 조절은 센 불에서 시작하여 끓으면 약불로 줄였다가 불을 끄고 10분 정도 뜸들인다.(밥물의 양은 쌀과 동량으로 한다.)
❻ 잘 지어진 밥은 콩나물과 소고기를 고루 섞어서 그릇에 담는다.

Point

- 채소밥 경우 불린 쌀 1 : 물의 양 0.7~0.8
- 콩나물밥을 짓는 동안 뚜껑을 열지 않아야 콩 비린내가 나지 않는다.
- 밥을 지을 때 밥물이 넘치는 경우 뚜껑에 젖은 행주를 올려주면 열 발산을 막아서 밥물이 넘치지 않아 고슬고슬한 맛있는 밥을 지을 수 있다.

MEMO

양념비율 정리

- **간장양념** : 간장 1작은술, 참기름 1작은술, 다진 파 1/2작은술, 다진 마늘 1/4작은술(설탕이 들어가면 쌀알이 익지 않고 설익어서 설탕을 뺀다. 또한 양념과 양념의 양을 모를 경우는 지급재료 목록을 보면서 넣는다.)

실수사례

- 밥물의 양을 잘못 계량하여 밥이 질어지는 경우
- 밥을 태우는 경우(불 조절)
- 소고기를 양념하여 볶아서 넣는 경우
- 양념에 통깨를 사용하는 경우
- 지급재료 이외의 재료를 사용할 경우(설탕, 후추)

비빔밥

시험 시간 **50분**

요구사항

※ 주어진 재료를 사용하여 비빔밥을 만드시오.

❶ 채소, 소고기, 황 · 백지단의 크기는 0.3×0.3×5cm로 써시오.
❷ 호박은 돌려깎기하여 0.3×0.3×5cm로 써시오.
❸ 청포묵의 크기는 0.5×0.5×5cm로 써시오.
❹ 소고기는 고추장 볶음과 고명에 사용하시오.
❺ 담은 밥 위에 준비된 재료들을 색 맞추어 돌려 담으시오.
❻ 볶은 고추장은 완성된 밥 위에 얹어 내시오.

지급재료

- 쌀(30분 정도 물에 불린 쌀) 150g
- 애호박[중(길이 6cm)] 60g
- 도라지(찢은 것) 20g
- 고사리(불린 것) 30g
- 소고기(살코기) 30g
- 청포묵[중(길이 6cm)] 40g
- 건다시마(5×5cm) 1장
- 달걀 1개
- 고추장 40g
- 대파[흰 부분(4cm)] 1토막
- 식용유 30㎖
- 마늘[중(깐 것)] 2쪽
- 진간장 15㎖
- 백설탕 15g
- 깨소금 5g
- 검은 후춧가루 1g
- 참기름 5㎖
- 소금(정제염) 10g

만드는 법

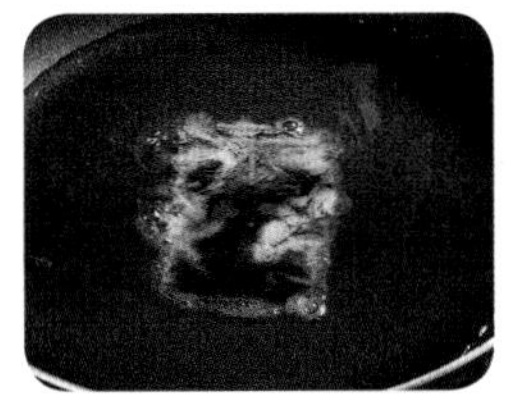

❶ 불려서 나온 쌀은 수분을 뺀 후 양을 잰 후 냄비에 안쳐서 고슬고슬하게 밥을 지어 놓는다. 이때 불 조절은 센 불에서 시작하여 끓으면 약불로 줄였다가 불을 끄고 10분 정도 뜸들인다.(밥물의 양은 쌀과 동량으로 한다.)
❷ 애호박은 0.3×0.3×5cm로 돌려깎기하여 썬 다음 소금에 살짝 절인다.
❸ 찢어서 나온 도라지도 0.3×0.3×5cm로 채 썰어 소금으로 주물러서 쓴맛을 뺀다.
❹ 대파와 마늘은 곱게 다진 다음 간장양념장을 만들어 놓는다.
❺ 고사리의 딱딱한 줄기는 잘라내고 5cm 길이로 잘라 양념해 둔다.
❻ 소고기 2/3는 채 썰어 양념해 두고, 1/3은 곱게 다져서 양념하여 약고추장에 넣어준다.
❼ 청포묵은 0.5×0.5×5cm로 채 썰어 끓는 물에 데쳐 소금, 참기름으로 양념한다.
❽ 달걀은 황 · 백으로 나누어 소금간을 한 후 잘 저어서 풀어 놓는다.
❾ 팬을 달구어 기름을 넣은 후 지단, 도라지, 다시마, 호박, 고사리, 소고기, 약고추장 순으로 볶아낸다.(다시마를 튀긴 다음 잘게 부순다. 애호박 · 도라지 볶을 때는 파, 마늘, 깨소금을 넣고 볶는다.)
❿ 완성 그릇에 밥을 먼저 담고, 밥이 가장자리에 보이도록 나물을 색 맞춰 담은 다음 약고추장을 담고 다시마, 황 · 백지단을 얹는다.

Point

- 다시마를 튀길 때 기름을 2큰술 넣어 튀기고, 남은 기름은 다른 재료 볶을 때 사용한다.
- 약고추장을 볶을 때는 다진 고기를 양념하여 볶다가 고추장, 설탕, 물을 잘 섞어서 부드러운 볶은 고추장을 타지 않게 만든다.
- 나물과 고명은 가장자리에 밥이 보이도록 색을 맞춰 조화 있게 담는다.

MEMO

양념비율 정리

- **간장양념** : 간장 1큰술, 설탕 1/2큰술, 다진 파 1작은술, 다진 마늘 1/2작은술, 깨소금 1/2작은술, 참기름 1/2작은술, 검은 후춧가루 약간
- **약고추장** : 다진 소고기, 고추장 1큰술, 설탕 1작은술, 물 3큰술

실수사례

- 약고추장을 태우는 경우(불조절)
- 다시마를 적시는 경우와 튀길 때 태우는 경우(불조절)
- 시간초과의 경우
- 밥을 태우는 경우

한식 죽 조리

학/습/평/가

학습내용	평가항목	성취수준		
		상	중	하
죽 재료 준비	사용할 도구를 선택하고 준비할 수 있다.			
	쌀 등 곡류와 부재료를 필요량에 맞게 계량할 수 있다.			
	곡류를 용도에 맞게 불리기를 할 수 있다.			
	조립법에 따라 쌀 등 재료를 갈거나 분쇄할 수 있다.			
	부재료는 조리 방법에 맞게 손질할 수 있다.			
조리시간과 조리방법 조절	죽의 종류와 형태에 따라 조리 시간과 방법을 조절할 수 있다.			
죽의 종류에 따라 물의 양 가감	조리도구, 조리법, 쌀과 잡곡의 재료의 특성에 따라 물의 양을 가감할 수 있다.			
가열시간 조절	조리도구와 조리법, 재료의 특성에 따라 화력과 가열시간을 조절할 수 있다.			
그릇 선택과 죽 담기	조리 종류와 색, 형태, 인원수, 분량 등을 고려하여 그릇을 선택할 수 있다.			
	죽을 따뜻하게 담아낼 수 있다.			
고명 올리기	조리 종류에 따라 고명을 올릴 수 있다.			

학습자 결과물

장국죽

쌀알의 크기에 따라 옹근죽, 원미죽, 무리죽, 응이로 나누는데
장국죽은 원미죽에 해당한다.

시험 시간 **30분**

요구사항

※ 주어진 재료를 사용하여 장국죽을 만드시오.

❶ 불린 쌀을 반 정도로 싸라기를 만들어 죽을 쑤시오.

❷ 소고기는 다지고 불린 표고는 3cm의 길이로 채 써시오.

지급재료

- 쌀(30분 정도 물에 불린 쌀) 100g
- 소고기(살코기) 20g
- 건표고버섯(지름 5cm, 물에 불린 것, 부서지지 않은 것) 1개
- 대파[흰 부분(4cm)] 1토막
- 마늘[중(깐 것)] 1쪽
- 국간장 10㎖
- 깨소금 5g
- 검은 후춧가루 1g
- 참기름 10㎖
- 진간장 10㎖

만드는 법

❶ 불린 쌀은 수분을 빼고 양을 잰 다음 싸라기 정도로 부순다.
❷ 대파와 마늘은 곱게 다져 간장양념장을 만들어 놓는다.
❸ 불린 표고버섯은 3cm 길이로 채 썰어 간장양념을 한다.
❹ 소고기는 곱게 다져서 간장양념을 한다.
❺ 냄비에 참기름을 두르고 양념한 소고기를 볶다가 표고버섯을 넣고, 쌀을 넣어 잠시 더 볶은 뒤 쌀의 분량 5~6배의 물을 넣고 끓어오르면 거품을 제거하고, 중간불로 낮추어 쌀이 퍼질 때까지 눌어붙지 않도록 가끔씩 나무주걱으로 저으면서 끓인다.
❻ 죽이 잘 퍼지면 간장으로 색을 보며 간을 맞춘다.
❼ 그릇에 보기 좋게 담는다.

Point

- 물의 양은 쌀 분량의 5~6배가 좋다.
- 죽의 색을 낼 때 간장색이 너무 진해지지 않도록 주의한다.
- 죽은 미리 끓여 놓을 경우 되직하게 되므로 그릇에 담기 직전에 농도와 색깔, 간을 맞추어 담는다. 또한 죽의 농도가 되직하여 물을 부었을 경우에는 한 번 더 끓여 죽 위에 맑은 물이 뜨지 않게 한다.

MEMO

양념비율 정리

- **간장 양념** : 간장 1작은술, 다진 파 1/2작은술, 다진 마늘 1/4작은술, 참기름 약간, 검은 후춧가루 약간, 깨소금 약간

실수사례

- 소고기와 표고 양념에 설탕을 넣는 경우
- 장국죽을 완성하여 간을 맞출 때 소금을 넣는 경우
- 지급재료 이외의 재료를 사용할 경우(설탕, 소금)

한식 국 · 탕 조리

학/습/평/가

학습내용	평가항목	성취수준		
		상	중	하
국 · 탕 재료 준비 및 계량	조리 종류에 맞추어 도구와 재료를 준비할 수 있다.			
	조리에 사용하는 재료를 필요량에 맞게 계량할 수 있다.			
	재료에 따라 요구되는 전처리를 수행할 수 있다.			
국 · 탕 육수 제조	찬물에 육수재료를 넣고 끓이는 시간과 불의 강도를 조절할 수 있다.			
	끓이는 중 부유물을 제거하여 맑은 육수를 만들 수 있다.			
	육수의 종류에 따라 냉 · 온으로 보관할 수 있다.			
국 · 탕 조리	물이나 육수에 재료를 넣어 끓일 수 있다.			
	부재료와 양념을 적절한 시기와 분량에 맞춰 첨가할 수 있다.			
	조리 종류에 따라 끓이는 시간과 화력을 조절할 수 있다.			
	국 · 탕의 품질을 판정하고 간을 맞출 수 있다.			
국 · 탕 그릇 선택	조리 종류와 색, 형태, 인원수, 분량 등을 고려하여 그릇을 선택할 수 있다.			
	국 · 탕은 조리 종류에 따라 냉 · 온 온도로 제공할 수 있다.			
국 · 탕 제공	국 · 탕은 국물과 건더기의 비율에 맞게 담아낼 수 있다.			
	국 · 탕의 종류에 따라 고명을 활용할 수 있다.			

학습자 결과물

완자탕

시험 시간 **30분**

요구사항

※ 주어진 재료를 사용하여 완자탕을 만드시오.

❶ 완자는 지름 3cm로 6개를 만들고, 국 국물의 양은 200㎖ 이상 제출하시오.
❷ 달걀은 지단과 완자용으로 사용하시오.
❸ 고명으로 황 · 백지단(마름모꼴)을 각 2개씩 띄우시오.

지급재료

- 소고기(살코기) 50g
- 소고기(사태부위) 20g
- 달걀 1개
- 대파[흰 부분(4cm)] 1/2 토막
- 밀가루(중력분) 10g
- 마늘[중(깐 것)] 2쪽
- 식용유 20㎖
- 소금(정제염) 10g
- 검은 후춧가루 2g
- 두부 15g
- 국간장 5㎖
- 참기름 5㎖
- 키친타월(종이)[주방용(소 18×20cm)] 1장
- 깨소금 5g
- 백설탕 5g

만드는 법

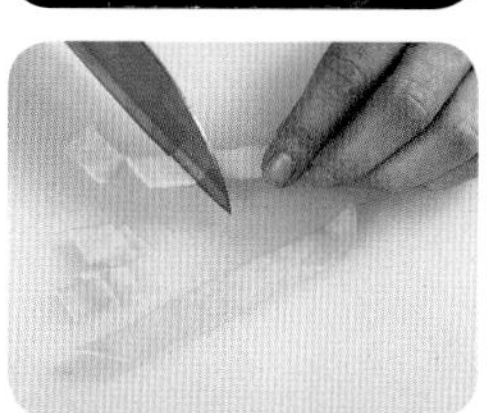

❶ 소고기 사태는 핏물을 빼고, 찬물 약 4컵 정도에 넣고 센 불에서 끓이다가 대파와 마늘을 넣고 거품을 제거하고, 약불에서 끓인 후 면포에 걸러 국간장, 소금으로 간을 한다.
❷ 남은 대파와 마늘은 곱게 다진다.
❸ 두부는 면포에 물기를 짜서 곱게 으깬다.
❹ 소고기 살코기는 핏물을 빼고 곱게 다진다.
❺ 으깬 두부와 다진 소고기는 소금, 설탕, 다진 파, 다진 마늘, 깨소금, 참기름, 후춧가루로 양념하여 끈기가 생기도록 반죽하여 직경 3cm의 동그란 완자 6개를 만든다.
❻ 달걀은 황 · 백으로 분리한 뒤 지단을 부쳐 마름모꼴로 썰고, 남은 달걀은 섞어서 달걀물을 만든다.
❼ 빚은 완자는 밀가루, 달걀물 순으로 묻혀서 기름 두른 팬에 굴려가며 둥글고 매끈하게 지져서 닦아준다.(키친타월로 여분의 기름기를 제거한다.)
❽ 육수가 끓으면 익힌 완자를 넣어 잠시만 살짝 끓여 그릇에 담고 황 · 백지단을 띄워낸다.

Point

- 완자에 밀가루를 입힌 후 여분의 밀가루는 털어내야 달걀물이 골고루 잘 입는다.
- 팬에 완자를 지질 때 기름을 조금만 넣고 중불에 굴려가며 지져야 달걀 옷이 벗겨지지 않고 곱게 입는다. 익힐 때는 약불에서 익혀야 타지 않고 속까지 익는다.
- 팬에 익혀낸 완자는 키친타월로 여분의 기름기를 제거해야 육수에 기름이 뜨지 않아서 국물이 깨끗하다.
  – 육수를 끓일 때 불이 세면 국물이 탁해지므로 주의한다.

MEMO

양념비율 정리

- **소고기 · 두부 양념** : 소금 1/2작은술, 설탕 조금, 다진 파 1작은술, 다진 마늘 1/2작은술, 깨소금 1작은술, 참기름 1작은술, 후추 약간

실수사례

- 소고기 살코기와 사태용을 구분하여 사용하지 않을 경우
- 완자가 안 익은 경우

한식 찌개 조리

학/습/평/가

학습내용	평가항목	성취수준		
		상	중	하
찌개 재료 준비 및 전처리	조리 종류에 따라 도구와 재료를 준비할 수 있다.			
	조리에 사용하는 재료를 필요량에 맞게 계량할 수 있다.			
	재료에 따라 요구되는 전처리를 수행할 수 있다.			
찌개 육수 조리	찬물에 육수 재료를 넣고 서서히 끓일 수 있다.			
	끓이는 중 부유물과 기름이 떠오르면 걷어내어 제거할 수 있다.			
	조리 종류에 따라 끓이는 시간과 불의 강도를 조절할 수 있다.			
찌개 조리	채소류 중 단단한 재료는 데치거나 삶아서 사용할 수 있다.			
	조리법에 따라 재료는 양념하여 밑간을 할 수 있다.			
	육수에 재료와 양념을 넣는 시점을 조절하여 끓일 수 있다.			
찌개 그릇 선택	조리 종류와 색, 형태, 인원수, 분량 등을 고려하여 그릇을 선택할 수 있다.			
	조리 특성에 맞게 건더기와 국물의 양을 조절할 수 있다.			
	온도를 뜨겁게 유지하여 제공할 수 있다.			

학습자 결과물

두부젓국찌개

시험 시간 **20분**

요구사항

※ 주어진 재료를 사용하여 두부젓국찌개를 만드시오.

1. 두부는 2×3×1cm로 써시오.
2. 홍고추는 0.5×3cm, 실파는 3cm 길이로 써시오.
3. 소금과 다진 새우젓의 국물로 간하고 국물을 맑게 만드시오.
4. 찌개의 국물은 200㎖ 이상 제출하시오.

지급재료

- 두부 100g
- 생굴(껍질 벗긴 것) 30g
- 실파(1뿌리) 20g
- 홍고추(생) 1/2개
- 새우젓 10g
- 마늘[중(깐 것)] 1쪽
- 참기름 5㎖
- 소금(정제염) 5g

만드는 법

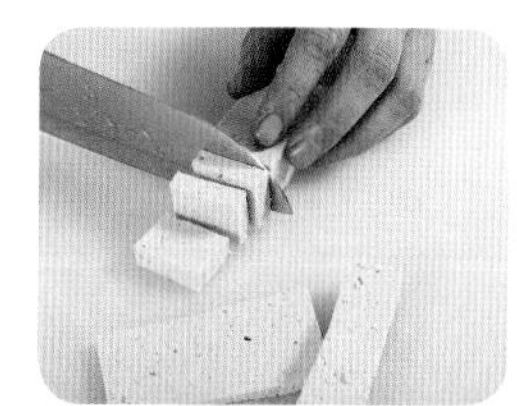

❶ 굴은 연한 소금물에 흔들어 씻어 굴 껍질을 골라내고 물기를 제거하여 준비한다.
❷ 두부는 폭과 길이가 2×3cm, 두께가 1cm 되도록 썬다.
❸ 홍고추는 반으로 갈라 씨를 털어내고 0.5×3cm 크기로 썰고, 실파는 3cm 길이로 썬다. 마늘은 다진다.
❹ 새우젓을 곱게 다져서 국물을 만들어 놓는다.
❺ 냄비에 물 2컵 정도 붓고 소금으로 연하게 간을 한 후 끓으면 두부 넣고 잠깐 끓이다가 굴, 파, 홍고추, 마늘을 넣고 새우젓국으로 간을 맞춘 다음 불을 끄고 참기름을 2~3방울 떨어뜨린다.
❻ 그릇에 건더기를 먼저 담고, 찌개 국물은 200ml 이상을 담는다.

Point

- 두부젓국찌개는 끓을 때 두부가 부스러지지 않도록 주의하고, 두부가 위로 떠오를 때까지 익히고 나서, 굴을 넣고 동그랗게 부풀어 오르면 불을 끈다. 굴을 넣고 오래 끓이면 국물이 탁해진다.
- 새우젓은 젓국을 짜서 쓰고, 건더기는 다져 물에 헹구어 물만 짜서 쓰면 맑은 찌개가 된다.

MEMO

양념비율 정리

- 물 2컵 + 새우젓 국물 1큰술 + 소금 1/2작은술 → 참기름 2~3방울

실수사례

- 굴을 많이 익혀서 국물이 탁해지는 경우

생선찌개

시험 시간 **30분**

요구사항

※ 주어진 재료를 사용하여 생선찌개를 만드시오.

❶ 생선은 4~5cm의 토막으로 자르시오.
❷ 무, 두부는 2.5×3.5×0.8cm로 써시오.
❸ 호박은 0.5cm 반달형, 고추는 통 어슷썰기, 쑥갓과 파는 4cm로 써시오.
❹ 고추장, 고춧가루를 사용하여 만드시오.
❺ 각 재료는 익는 순서에 따라 조리하고, 생선살이 부서지지 않도록 하시오.
❻ 생선머리를 포함하여 전량 제출하시오.

지급재료

- 동태(300g) 1마리
- 무 60g
- 애호박 30g
- 두부 60g
- 풋고추(길이 5cm 이상) 1개
- 홍고추(생) 1개
- 쑥갓 10g
- 생강 10g
- 실파(2뿌리) 40g
- 마늘[중(깐 것)] 2쪽
- 고추장 30g
- 소금(정제염) 10g
- 고춧가루 10g

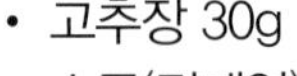

만드는 법

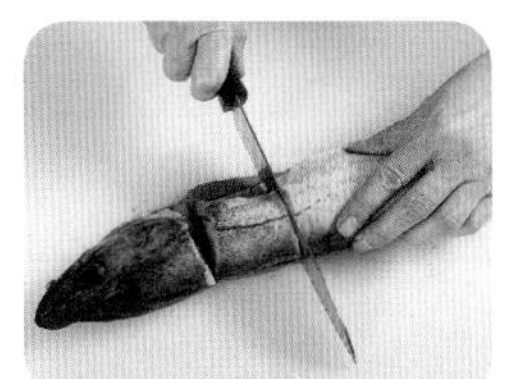

❶ 냄비에 물 3컵을 넣고 끓인다.
❷ 무, 두부는 2.5×3.5×0.8cm로 썰고, 호박은 0.5cm 두께의 반달형 모양으로, 실파는 4cm 길이로 자른다. 고추는 통으로 어슷썰어 씨를 털고, 쑥갓은 4cm 길이로 썬다.
❸ 마늘과 생강은 곱게 다진다.
❹ 생선은 비늘을 깨끗이 긁고 지느러미는 떼어내어 손질하고, 4~5cm의 토막으로 자르고 내장은 먹는 부분만 골라 둔다.
❺ 냄비에 물 4컵 정도를 넣고 끓이다가 고추장과 고춧가루를 풀어 무를 넣고 끓이면서 무가 반쯤 익으면 생선과 호박을 넣고 끓어오르면, 두부와 고추, 마늘, 생강을 넣어 익히면서 거품을 걷어내고 생선 맛이 잘 우러나면 소금 간을 하고 실파와 쑥갓을 넣고 불을 끈다.
❻ 그릇에 건더기 먼저 담고, 쑥갓을 올리고 찌개 국물을 자작하게 담는다.

Point

- 생선은 처음부터 넣지 않고 국물이 끓을 때 넣어야 살이 덜 부서지고, 생강도 생선이 거의 다 익을 쯤에 넣어야 어취 제거가 효과적이다.
- 조리과정에서 무와 같은 단단한 채소를 먼저 넣어 익히다가 생선과 익히기 어려운 재료 순으로 넣어 익힌다.
- 특히 생선찌개는 거품이 많이 생기므로 거품은 수시로 걷어낸다.

MEMO

양념비율 정리

- 양념물 4컵, 고추장 1큰술, 고춧가루 1큰술, 소금 약간

실수사례

- 생선 손질할 때 위생상태가 불량한 경우
- 부재료가 안 익은 경우

한식 전 · 적 조리

학/습/평/가

학습내용	평가항목	성취수준		
		상	중	하
전 · 적 재료 준비 및 계량	전 · 적 조리 종류에 따라 도구와 재료를 준비하는 능력			
	조리에 사용하는 재료를 필요량에 맞게 계량하는 능력			
전 · 적 재료 전처리	전 · 적 종류에 따라 재료를 전처리하여 준비하는 능력			
전 · 적 재료 준비	밀가루, 달걀 등의 재료를 섞어 반죽 물 농도를 맞출 수 있다.			
	조리의 종류에 따라 속재료 및 혼합 재료 등을 만들 수 있다.			
전 · 적 조리	주재료에 따라 소를 채우거나 꼬치를 활용하여 전의 형태를 만들 수 있다.			
	재료와 조리방법에 따라 기름의 종류, 양과 온도를 조절하여 지질 수 있다.			
그릇 선택	조리 종류와 색, 형태, 인원수, 분량 등을 고려하여 그릇을 선택할 수 있다.			
전 · 적 담아 완성	전 · 적 조리는 기름을 제거하여 담아낼 수 있다.			
	전 · 적 조리 후 따뜻한 온도, 색, 풍미를 유지하여 담아낼 수 있다.			

학습자 결과물

생선전

시험 시간 **25분**

요구사항

※ 주어진 재료를 사용하여 생선전을 만드시오.

❶ 생선은 세 장 뜨기하여 껍질을 벗겨 포를 뜨시오.
❷ 생선전은 0.5×5×4cm로 만드시오.
❸ 달걀은 흰자, 노른자를 혼합하여 사용하시오.
❹ 생선전은 8개 제출하시오.

지급재료

- 동태(400g) 1마리
- 밀가루(중력분) 30g
- 달걀 1개
- 소금(정제염) 10g
- 흰 후춧가루 2g
- 식용유 50㎖

만드는 법

❶ 동태는 비늘을 긁어내고 머리를 잘라 내장을 제거하여 깨끗이 씻은 후 물기를 닦아내고 세 장 뜨기를 한다.

❷ 껍질 쪽을 도마에 가도록 두고 꼬리 쪽에 칼을 넣어 조금 떠서 벗겨진 껍질을 왼손에 잡고 칼을 오른쪽으로 밀면서 생선살이 부서지지 않게 살과 껍질을 벗겨낸다.

❸ 껍질을 벗긴 생선살은 0.5×5×4cm가 되도록 8개를 포를 떠 소금, 흰 후춧가루로 밑간한다.

❹ 달걀에 소금을 넣어 잘 풀어 준비해 둔다.

❺ 생선살의 물기를 제거한 후 밀가루를 앞뒤로 묻히고 여분의 밀가루는 털어내고 달걀물에 넣었다가 약한 불에서 하나씩 눌어 붙지 않게 양면을 노릇하게 지진다.

Point

- 생선포를 뜰 때는 줄어드는 것을 감안해서 조금 더 크게 자르고 살이 부서지지 않도록 한다.
- 생선을 소금과 흰 후춧가루를 뿌리고 밑간을 해 수분을 제거하고 여분의 밀가루를 털어내야 달걀물이 잘 붙는다.

MEMO

양념비율 정리

- **포 뜬 생선살** : 소금, 흰 후춧가루

실수사례

- 흰 후춧가루 대신에 검은 후춧가루를 사용하는 경우
- 생선포를 뜰 때 크기가 커서 작품의 수량이 부족한 경우
- 생선전을 지질 때 팬에 기름을 많이 넣어 전의 표면이 거칠게 된 경우
- 생선이 안 익은 경우

육원전

시험 시간 **20분**

요구사항

※ 주어진 재료를 사용하여 육원전을 만드시오.

① 육원전은 직경이 4cm, 두께 0.7cm가 되도록 하시오.

② 달걀은 흰자, 노른자를 혼합하여 사용하시오.

③ 육원전은 6개를 제출하시오.

지급재료

- 소고기(살코기) 70g
- 두부 30g
- 밀가루(중력분) 20g
- 달걀 1개
- 대파[흰 부분(4cm)] 1토막
- 검은 후춧가루 2g
- 참기름 5㎖
- 소금(정제염) 5g
- 마늘[중(깐 것)] 1쪽
- 식용유 30㎖
- 깨소금 5g
- 설탕 5g

만드는 법

❶ 파, 마늘을 곱게 다진다.
❷ 두부는 면포에 물기를 제거하여 칼등으로 으깬다.
❸ 소고기는 핏물을 제거하고 살만 곱게 다진다.
❹ 소고기와 두부를 합하여 파, 마늘, 소금, 깨소금, 참기름, 후추, 설탕으로 양념하여 끈기가 생기도록 충분히 치댄 후 지름 4.5cm 정도로 동글납작하게 완자 6개를 빚는다.
❺ 완자에 밀가루를 고루 묻혀 털어내고 소금간을 한 달걀물에 담가 완자 속까지 잘 익도록 앞뒤로 노릇하게 지진다.

Point

- 완자는 고기와 두부의 배합과 수분량이 알맞아야 한다. 으깬 후 끈기가 생기도록 충분히 치대야 완자를 빚을때 가장자리가 갈라지지 않고 표면도 매끄럽다.
- 익으면 완자의 가운데 배 부분이 볼록해지므로 빚을 때 중앙의 배 부분을 손으로 한 번 눌러준다.
- 완성된 전의 크기가 4cm 되도록 한다.

MEMO

양념비율 정리

- **완자 양념** : 소금 1/2작은술, 참기름 1작은술, 깨소금 1/2작은술, 후춧가루 약간, 다진 파 · 마늘, 설탕 약간

실수사례

- 파, 마늘을 곱게 다지지 않는 경우
- 속이 안 익은 경우

표고전

시험 시간 **20분**

요구사항

※ 주어진 재료를 사용하여 표고전을 만드시오.

❶ 표고버섯과 속은 각각 양념하여 사용하시오.
❷ 표고전은 5개를 제출하시오.

지급재료

- 건표고버섯(지름 2.5~4cm, 부서지지 않은 것을 불려서 지급) 5개
- 소고기(살코기) 30g
- 두부 15g
- 밀가루(중력분) 20g
- 달걀 1개
- 대파[흰 부분(4cm)] 1토막
- 검은 후춧가루 1g
- 참기름 5mℓ
- 소금(정제염) 5g
- 깨소금 5g
- 마늘[중(깐 것)] 1쪽
- 식용유 20mℓ
- 진간장 5mℓ
- 백설탕 5g

만드는 법

❶ 표고는 기둥을 떼고 물기를 제거하여 간장, 설탕, 참기름에 양념한다.
❷ 파, 마늘을 곱게 다진다.
❸ 두부는 면포에 물기를 제거하고 칼등으로 으깬다.
❹ 소고기는 핏물을 제거하고 살만 곱게 다진다.
❺ 소고기, 두부, 파, 마늘, 설탕, 소금, 깨소금, 참기름, 후추로 양념하여 끈기가 생기도록 충분히 치댄다.
❻ 양념한 표고 안쪽에 밀가루를 골고루 솔솔 뿌리고 양념한 고기 소를 가운데 배가 불룩하지 않도록 편편하게 채운다.
❼ 소가 들어간 쪽만 밀가루를 묻혀 털어내고 달걀물을 묻혀 약한 불에서 고기 소가 들어간 쪽을 팬의 바닥에 닿도록 하여 먼저 익힌 후 다시 뒤집어 더 익힌다.

Point

- 표고 안쪽을 자근자근 두드리고 칼집을 약간 넣어 양념을 하면 전이 더 맛있어진다.
- 표고의 속 양념을 많이 하면 물이 생기므로 지질 때 속이 빠지는 경우가 있다.
- 고기 소를 너무 많이 넣으면 팬의 바닥에 닿는 면이 고르지 않고 잘 익지 않을 뿐 아니라 색깔도 고루 나지 않으므로, 소는 얇게 넣고 가장자리를 예쁘게 다듬어 모양을 잡아 전을 지져야 보기 좋다.

MEMO

양념비율 정리

- **표고 양념** : 간장 1작은술, 설탕 1/2작은술, 참기름 약간
- **소고기 두부 양념** : 소금 1/3작은술, 참기름 1/2작은술, 깨소금 1/3작은술, 설탕 · 후춧가루 약간, 다진 파 · 마늘

실수사례

- 건표고를 충분히 불려서 사용하지 않는 경우
- 속재료가 안 익은 경우

섭산적

시험 시간 **30분**

요구사항

※ 주어진 재료를 사용하여 섭산적을 만드시오.

❶ 고기와 두부의 비율을 3 : 1로 하시오.
❷ 다져서 양념한 소고기는 크게 반대기를 지어 석쇠에 구우시오.
❸ 완성된 섭산적은 0.7×2×2cm로 9개 이상 제출하시오.
❹ 잣가루를 고명으로 얹으시오.

지급재료

- 소고기(살코기) 80g
- 두부 30g
- 대파[흰 부분(4cm)] 1토막
- 마늘[중(깐 것)] 1쪽
- 소금(정제염) 5g
- 백설탕 10g
- 깨소금 5g
- 참기름 5㎖
- 검은 후춧가루 2g
- 잣(깐 것) 10개
- 식용유 30㎖

만드는 법

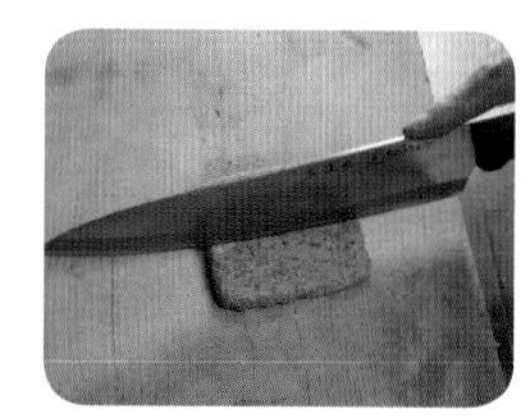
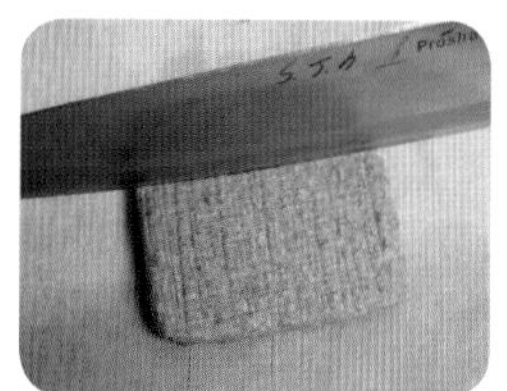

❶ 파, 마늘을 곱게 다진다.
❷ 두부는 면포에 물기를 제거하여 칼등으로 으깬다.
❸ 소고기는 핏물과 기름기, 힘줄을 제거하고 살만 곱게 다진다.
❹ 소고기와 두부의 비율이 3 : 1이 되게 하고 파, 마늘, 소금, 깨소금, 참기름, 후추, 설탕으로 양념하여 끈기가 생기도록 충분히 치댄다.
❺ 양념한 고기를 두께가 0.7cm가 되게 네모지게 반대기를 만들고 가로, 세로로 잔칼집을 곱게 넣는다.
❻ 석쇠에 식용유를 바르고 코팅을 한 다음 고기가 타지 않게 연갈색으로 굽는다.
❼ 잣은 다져서 잣가루를 만들어 놓는다.
❽ 구운 섭산적은 완전히 식은 후 2×2cm로 썰어 접시에 담고 잣가루를 고명으로 얹는다.

Point

- 구울 때 달라 붙지 않도록 여러 번 석쇠를 달군 다음 기름을 발라 코팅을 하고, 석쇠를 움직여 가면서 색이 고루 나도록 굽는다.
- 섭산적은 완전히 식은 뒤에 썰어야 부스러지지 않고 모양이 반듯하다.
- 잣은 면포로 닦고 나서 고깔을 제거하고, 칼로 곱게 다져서 잣가루를 만들어 사용한다.

MEMO

양념비율 정리

- **소고기 두부 양념** : 소금 1/2작은술, 참기름 1작은술, 깨소금 1/2작은술, 후춧가루 약간, 다진 파 · 마늘, 설탕 1/2작은술

실수사례

- 섭산적 반죽 시 간장을 첨가하는 경우
- 섭산적이 식지 않은 상태에서 재단하여 절단면이 깨끗하지 않은 경우
- 잣가루를 뿌려내지 않은 경우
- 섭산적이 안 익은 경우

화양적

시험 시간 **35분**

요구사항

※ 주어진 재료를 사용하여 화양적을 만드시오.

❶ 화양적은 0.6×6×6cm로 만드시오.
❷ 달걀노른자로 지단을 만들어 사용하시오.
※ 단, 달걀흰자 지단을 사용하는 경우 실격 처리
❸ 화양적은 2꼬치를 만들고 잣가루를 고명으로 얹으시오.

지급재료

- 소고기(살코기, 길이 7cm) 50g
- 건표고버섯(지름 5cm, 물에 불린 것, 부서지지 않은 것) 1개
- 당근(곧은 것, 길이 7cm) 50g
- 오이(가늘고 곧은 것, 길이 20cm) 1/2개
- 통도라지(껍질 있는 것, 길이 20cm) 1개
- 산적꼬치(길이 8~9cm) 2개
- 진간장 5㎖
- 대파[흰 부분(4cm)] 1토막
- 마늘[중(깐 것)] 1쪽
- 소금(정제염) 5g
- 백설탕 5g
- 깨소금 5g
- 참기름 5㎖
- 검은 후춧가루 2g
- 잣(깐 것) 10개
- 달걀 2개
- 식용유 30㎖

만드는 법

❶ 도라지는 먼저 7cm로 자른 후 껍질을 벗겨내고 0.6×1×6cm 크기로 썰어 소금에 주물러 씻어 쓴맛을 뺀다.
❷ 오이는 0.6×1×6cm 크기로 썰어 소금에 절인 뒤 물기를 뺀다.
❸ 당근은 0.6×1×6cm 크기로 썰어 놓는다.
❹ 파, 마늘은 곱게 다져서 고기양념을 만들어 놓는다.
❺ 불려서 나온 표고버섯은 기둥을 떼고 0.6×1×6cm 크기로 썰어 간장, 설탕, 참기름으로 양념한다.
❻ 소고기는 0.5×1×7cm로 썰어 잔 칼집을 넣고 고기양념을 한다.
❼ 달걀은 노른자만 소금을 넣고 부드럽게 풀어 도톰하게 부쳐 0.6×1×6cm로 썰어 놓는다.
❽ 물이 끓으면 소금을 넣고 도라지와 당근을 데쳐 찬물에 식힌다.
❾ 팬에 기름을 두르고 도라지, 오이, 당근, 표고, 고기 순서대로 볶아낸 후 접시에 펼쳐 식힌다.
❿ 잣은 꼬깔을 떼고 다져서 잣가루를 만들어 놓는다.
⓫ 산적꼬치에 각 재료의 색을 맞추어 끼운 후 양쪽 끝이 1cm 정도 남도록 정리한다.
⓬ 그릇에 담고 잣가루를 뿌려 낸다.

Point

- 꽃 모양처럼 아름다운 적이라 하여 화양적이라고 한다.
- 각 재료의 크기와 두께를 일정하게 썰어, 각각 재료의 색을 선명하게 살려서 지져야 색과 모양이 좋고 끼우기도 좋다.
- 소고기는 익으면 길이와 폭이 줄어들기 때문에 다른 재료보다 조금 더 길게 얇게 썰어 준비한다.

MEMO

양념비율 정리

- **고기(간장)양념** : 간장 1작은술, 설탕 1/2작은술, 다진 파, 다진 마늘, 깨소금, 참기름, 후춧가루 약간

실수사례

- 완성된 화양적에 잣가루를 뿌려내지 않는 경우
- 완성된 화양적 2꼬치의 식재료들이 서로 다른 순서대로 끼워진 경우

지짐누름적

시험 시간 **35분**

요구사항

※ 주어진 재료를 사용하여 지짐누름적을 만드시오.

❶ 각 재료는 0.6×1×6cm로 하시오.
❷ 누름적의 수량은 2개를 제출하고, 꼬치는 빼서 제출하시오.

지급재료

- 소고기(살코기, 길이 7cm) 50g
- 당근(길이 7cm, 곧은 것) 50g
- 건표고버섯(지름 5cm, 물에 불린 것, 부서지지 않은 것) 1개
- 쪽파(중) 2뿌리
- 통도라지(껍질 있는 것, 길이 20cm) 1개
- 밀가루(중력분) 20g
- 대파[흰 부분(4cm)] 1토막
- 달걀 1개
- 참기름 5㎖
- 산적꼬치(길이 8~9cm) 2개
- 식용유 30㎖
- 소금(정제염) 5g
- 진간장 10㎖
- 백설탕 5g
- 마늘[중(깐 것)] 1쪽
- 검은 후춧가루 2g
- 깨소금 5g

만드는 법

❶ 도라지는 먼저 7cm로 자른 후 껍질을 벗겨내고 0.6×1×6cm 크기로 썰어 소금에 주물러 씻어 쓴맛을 뺀다.
❷ 당근은 0.6×1×6cm 크기로 썰어 놓는다.
❸ 파, 마늘은 곱게 다져서 고기(간장) 양념을 만들어 놓는다.
❹ 표고버섯은 기둥을 떼고 0.6×1×6cm 크기로 썰어 간장, 설탕, 참기름으로 양념한다.
❺ 소고기는 0.5×1×7cm로 썰어 잔 칼집을 넣고 고기양념을 한다.
❻ 쪽파는 다듬어 6cm 길이로 썰어 소금, 참기름에 양념을 한다.
❼ 달걀에 소금을 넣고 가볍게 풀어 놓는다.
❽ 물이 끓으면 소금을 넣고 도라지와 당근을 데쳐 찬물에 식힌다.
❾ 팬에 기름을 두르고 도라지, 당근, 표고버섯, 고기 순서대로 볶아낸 후 접시에 펼쳐 식힌다.
❿ 산적꼬치에 색을 맞추어 재료를 끼운 후, 길이를 맞춘 다음 밀가루와 달걀 옷을 입혀 기름을 두른 팬에 누르면서 약한 불에 지져낸다.
⓫ 꼬치를 빼고 담는다.

Point

- 각 재료의 길이와 두께가 일정해야 보기에 단정하다.
- 밀가루와 달걀물을 너무 많이 묻히면 각 재료의 화려한 색이 가려지므로 각 재료 사이 뒷면은 밀가루를 듬뿍 묻히고, 앞면은 얇게 달걀 푼 것에 적셔서 사이가 떨어지지 않도록 꼭 눌러서 부친다.

MEMO

양념비율 정리

- **고기(간장)양념** : 간장 1작은술, 설탕 1/2작은술, 다진 파, 다진 마늘, 깨소금, 참기름, 후춧가루 약간

실수사례

- 산적꼬치를 뺄 때 사이사이가 떨어지는 경우

풋고추전

시험 시간 **25분**

요구사항

※ 주어진 재료를 사용하여 풋고추전을 만드시오.

❶ 풋고추는 5cm 길이로, 소를 넣어 지져 내시오.

❷ 풋고추는 잘라 데쳐서 사용하며 완성된 풋고추전은 8개를 제출하시오.

지급재료

- 풋고추(길이 11cm 이상) 2개
- 소고기(살코기) 30g
- 두부 15g
- 밀가루(중력분) 15g
- 달걀 1개
- 대파[흰 부분(4cm)] 1토막
- 검은 후춧가루 1g
- 참기름 5mℓ
- 소금(정제염) 5g
- 깨소금 5g
- 마늘[중(깐 것)] 1쪽
- 식용유 20mℓ
- 백설탕 5g

만드는 법

❶ 풋고추는 꼭지를 따고 반으로 갈라서 씨를 제거하여, 길이를 먼저 정리한 후 소금물에 데쳐 찬물에 헹궈 수분을 제거한다.
❷ 파, 마늘을 곱게 다진다.
❸ 두부는 면포에 물기를 제거하여 칼등으로 으깬다.
❹ 소고기는 핏물을 제거하고 살만 곱게 다진다.
❺ 소고기, 두부, 파, 마늘, 소금, 깨소금, 참기름, 후추, 설탕으로 양념하여 끈기가 생기도록 충분히 치댄다.
❻ 데친 풋고추 안쪽에 밀가루를 솔솔 뿌리고 양념한 고기를 소로 편편하게 채운다.
❼ 소가 들어간 쪽만 밀가루를 묻혀 털어내고 달걀물을 묻혀 약한 불에서 고기 소가 들어간 쪽을 먼저 익힌 후 다시 뒤집어 파란색 쪽도 살짝 익힌다.

Point

- 소를 넣을 때 조금만 넣고, 팬에 넣어 눌러 지져낸 다음, 파란 쪽을 불을 끄고 잠시 지졌다가 바로 뒤집어야 색이 누렇게 변색되지 않고 색이 곱다.
- 완성된 풋고추 등쪽은 기름 묻힌 종이로 닦아내어야 색이 곱게 되고, 푸른색이 깨끗하다.
- 양념의 간은 소금으로 해야 물기가 생기지 않는다.

MEMO

양념비율 정리

- **소금 양념** : 소금 1/3작은술, 참기름 1/2작은술, 깨소금 1/3작은술, 후춧가루 약간, 다진 파 · 마늘, 설탕 약간

실수사례

- 풋고추를 데치고 찬물에 충분히 담가 놓지 않아 색이 변색되는 경우
- 풋고추 안쪽에 밀가루를 바르지 않고 소를 채우는 경우
- 풋고추 속재료가 안 익은 경우

한식 생채 · 회 조리

학/습/평/가

학습내용	평가항목	성취수준		
		상	중	하
생채 · 회 재료 준비	생채 · 회의 종류에 맞추어 도구와 재료를 준비할 수 있다.			
	조리에 사용하는 재료를 필요량에 맞게 계량할 수 있다.			
	재료에 따라 요구되는 전처리를 수행할 수 있다.			
생채 조리	양념장 재료를 비율대로 혼합, 조절할 수 있다.			
	재료에 양념장을 넣고 잘 배합되도록 무칠 수 있다.			
회 조리	재료에 따라 회 · 숙회를 만들 수 있다.			
생채 · 회 담아 완성	조리 종류와 색, 형태, 인원수, 분량 등을 고려하여 그릇을 선택할 수 있다.			
	생채 · 회의 색, 형태, 분량을 고려하여 그릇에 담아낼 수 있다.			
	조리 종류에 따라 양념장을 곁들일 수 있다.			

학습자 결과물

무생채

시험 시간 **15분**

요구사항

※ 주어진 재료를 사용하여 무생채를 만드시오.

❶ 무는 0.2×0.2×6cm로 썰어 사용하시오.
❷ 생채는 고춧가루를 사용하시오.
❸ 무생채는 70g 이상 제출하시오.

지급재료

- 무(길이 7cm) 120g
- 소금(정제염) 5g
- 고춧가루 10g
- 백설탕 10g
- 식초 5㎖
- 대파[흰 부분(4cm)] 1토막
- 마늘[중(깐 것)] 1쪽
- 깨소금 5g
- 생강 5g

만드는 법

❶ 무는 0.2×0.2×6cm 크기로 고르게 채 썬다.
❷ 파, 마늘, 생강을 곱게 다진다.
❸ 고춧가루는 체에 한 번 내려서 무에 잘 무쳐 붉게 물을 들인다.
❹ 설탕과 소금을 순서대로 넣고, 고루 무친 후 식초를 넣고 다진 파, 마늘, 생강, 깨소금을 넣어 간을 맞춘다.

Point

- 무는 길이대로 넓게 썰어야 하며 칼을 무에 대면서 밀어가면서 고르게 채 써는 것이 좋다.
- 생채는 손끝으로 가볍게 살살 무쳐야 싱싱해져 좋으며, 그릇에 담을 때는 국물은 담지 않는다.
- 생채는 식초와 설탕맛이 알맞아야 맛이 좋고, 미리 무쳐 내면 물이 생기므로 내기 직전에 무쳐야 한다.

MEMO

양념비율 정리

- 무채, 고운 고춧가루 1작은술 → 물들이기 → 설탕 1작은술, 소금 1/3작은술, 식초 1작은술 → 파, 마늘, 생강 → 깨소금 1/2작은술

실수사례

- 썰어진 무의 크기가 균일하지 않은 경우
- 채 썰어서 양념장을 만들어 한꺼번에 버무리는 경우
- 생강즙을 사용하지 않거나 참기름을 첨가하는 경우

도라지생채

시험 시간 **15분**

요구사항

※ 주어진 재료를 사용하여 도라지생채를 만드시오.

❶ 도라지의 크기는 0.3×0.3×6cm로 써시오.
❷ 생채는 고추장과 고춧가루 양념으로 무쳐 제출하시오.

지급재료

- 통도라지(껍질 있는 것) 3개
- 소금(정제염) 5g
- 고추장 20g
- 백설탕 10g
- 식초 15㎖
- 대파[흰 부분(4cm)] 1토막
- 마늘[중(깐 것)] 1쪽
- 깨소금 5g
- 고춧가루 10g

만드는 법

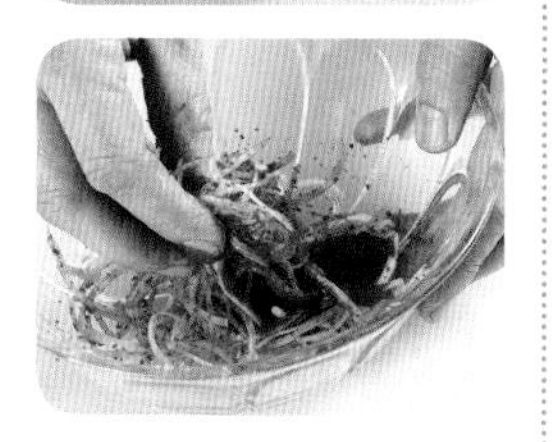

❶ 도라지는 씻어 6cm 길이로 썰어 껍질을 벗겨서 0.3×0.3cm 채 썰어 소금물에 주물러 쓴맛을 없애고 물기를 꼭 짠다.
❷ 파, 마늘은 곱게 다져서 초고추장 양념장을 만들어 놓는다.
❸ 수분을 제거한 도라지에 초고추장 양념장을 넣어 고루 무친 다음 그릇에 담아 낸다.

Point

- 도라지는 쓴맛을 뺀 후 물기를 짜서 초고추장에 무쳐야 물기가 덜 생긴다.

MEMO

양념비율 정리

- **초고추장** : 고추장 1큰술, 설탕 1/2큰술, 식초 1큰술, 파, 마늘, 깨소금 1/2작은술, 고춧가루 1/2큰술

실수사례

- 주어진 시간 내에 작품을 제출하지 못하는 경우
- 도라지의 쓴맛을 빼지 않고 사용할 경우
- 도라지생채에 참기름을 사용하거나 식초를 사용하지 않은 경우

더덕생채

시험 시간 **20분**

요구사항

※ 주어진 재료를 사용하여 더덕생채를 만드시오.

❶ 더덕은 5cm로 썰어 두들겨 편 후 찢어서 쓴맛을 제거하여 사용하시오.
❷ 고춧가루로 양념하고, 전량 제출하시오.

지급재료

- 통더덕(껍질 있는 것, 길이 10~15cm) 2개
- 마늘[중(깐 것)] 1쪽
- 백설탕 5g
- 식초 5㎖
- 대파[흰 부분(4cm)] 1토막
- 소금(정제염) 5g
- 깨소금 5g
- 고춧가루 20g

만드는 법

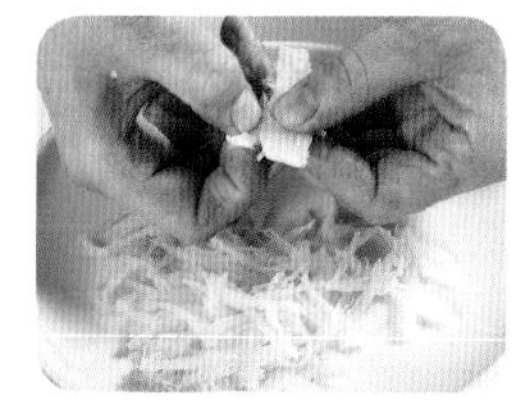

❶ 더덕은 껍질을 벗겨 5cm 길이로 썰어 반으로 갈라 소금물에 담가 쓴맛을 제거한다.
❷ 파, 마늘을 곱게 다져서 고춧가루 양념을 만든다.
❸ 쓴맛을 제거한 더덕은 물기를 닦고 방망이로 자근자근 두들겨 잘 펴서 가늘고 일정하게 찢는다.
❹ 찢은 더덕에 양념장을 넣어 무치고 담을 때는 펴서 부풀려 담는다.

Point

- 더덕은 소금물에 담가 쓴맛을 제거해야 생채를 무쳤을 때 씁쓸한 맛이 감소되고, 또한 방망이로 자근자근 두드릴때 더덕이 부서지지 않는다.
- 더덕이 클 경우에는 물을 끓여서 미지근한 소금물에 절인다.
- 더덕 길이 5cm로 썰 때 뿌리 먼저 썰어서 두꺼운 윗부분은 버린다.

MEMO

양념비율 정리

- **생채 양념(고춧가루)** : 고운 고춧가루 1큰술, 설탕 2/3작은술, 식초 1작은술, 소금 1/3작은술, 파, 마늘, 깨소금 1/2작은술

실수사례

- 주어진 시간 내에 완성하지 못한 경우
- 더덕을 찢을 때 거칠게 찢는 경우
- 더덕생채에 참기름을 사용하거나 식초를 사용하지 않은 경우

겨자채

시험 시간 **35분**

요구사항

※ 주어진 재료를 사용하여 겨자채를 만드시오.

❶ 채소, 편육, 황 · 백지단, 배는 0.3×1×4cm로 써시오.
❷ 밤은 모양대로 납작하게 써시오.
❸ 겨자는 발효시켜 매운맛이 나도록 하여 간을 맞춘 후 재료를 무쳐서 담고, 통잣을 고명으로 올리시오.

지급재료

- 양배추(길이 5cm) 50g
- 오이(가늘고 곧은 것, 길이 20cm) 1/3개
- 당근(곧은 것, 길이 7cm) 50g
- 소고기(살코기, 길이 5cm) 50g
- 밤[중(생것), 껍질 깐 것] 2개
- 달걀 1개
- 배[중(길이로 등분), 50g] 1/8개
- 백설탕 20g
- 잣(깐 것) 5개
- 소금(정제염) 5g
- 식초 10mℓ
- 진간장 5mℓ
- 겨잣가루 6g
- 식용유 10mℓ

만드는 법

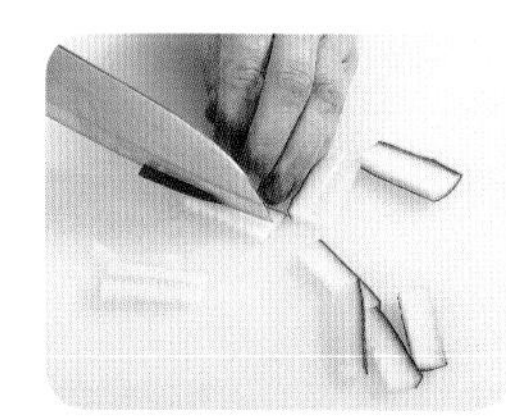

❶ 냄비에 물을 끓여 겨잣가루를 따뜻한 물로 갠 다음 냄비뚜껑 위에 10분 정도 두어 숙성시킨다.

❷ 소고기는 핏물을 빼고 덩어리째 끓는 물에 삶아 식으면 0.3×1×4cm 크기로 썬다.

❸ 오이, 당근, 양배추는 0.3×1×4cm 크기로 썰어 찬물에 담가 싱싱하게 해 놓는다.

❹ 배는 껍질을 벗겨 0.3×1×4cm 크기로 썰어 설탕물에 담근다.

❺ 밤은 껍질을 벗겨 생긴 모양대로 0.3cm 두께로 납작납작하게 썰어 배와 함께 설탕물에 담근다.

❻ 달걀은 황 · 백으로 분리해 도톰하게 지단을 부쳐 0.3×1×4cm로 썬다.

❼ 발효된 겨자에 양념을 넣어서 겨자즙을 만들어 놓는다.

❽ 준비된 재료들을 물기를 닦고 겨자즙을 넣어 고루 버무려 그릇에 담고 고명으로 잣을 얹는다.

Point

- 겨자는 40℃의 따뜻한 물에 되직하게 개어 발효시켜야 매운맛도 나고, 겨자의 쓴맛도 없어진다.
- 모든 채소는 싱싱하게 하기 위해 썰어 찬물에 담가 싱싱하게 하여 물기를 없애고 사용한다.
- 겨자채의 재료들을 일정한 크기와 두께로 썰고, 양배추는 줄기가 두꺼우면 얇게 저며 썬다.

MEMO

양념비율 정리

- **겨자즙** : 겨잣가루 1큰술, 미지근한 물 1/2큰술 → 설탕 2작은술, 식초 2작은술, 소금 1/2작은술, 간장 약간

실수사례

- 겨자를 발효하지 않고 사용하는 경우
- 편육이 안익는 경우
- 겨자채를 미리 완성하여 완성그릇에 물기가 생기는 경우

육회

시험시간 **20분**

요구사항

※ 주어진 재료를 사용하여 육회를 만드시오.

1. 소고기는 0.3×0.3×6cm로 썰어 소금 양념으로 하시오.
2. 배는 0.3×0.3×5cm로 변색되지 않게 하여 가장자리에 돌려 담으시오.
3. 마늘은 편으로 썰어 장식하고 잣가루를 고명으로 얹으시오.
4. 소고기는 손질하여 전량 사용하시오.

지급재료

- 소고기(살코기) 90g
- 배(중, 100g) 1/4개
- 잣(깐 것) 5개
- 소금(정제염) 5g
- 마늘[중(깐 것)] 3쪽
- 대파[흰 부분(4cm)] 2토막
- 검은 후춧가루 2g
- 참기름 10㎖
- 백설탕 30g
- 깨소금 5g

만드는 법

❶ 소고기는 기름기를 제거하고 결 반대로 0.3×0.3×6cm 두께로 채 썰어 핏물을 제거한 후 참기름, 설탕에 버무려 둔다.
❷ 마늘은 편으로 썰고, 마늘 일부와 대파는 곱게 다져 놓는다.
❸ 잣은 다져서 잣가루를 만들어 놓는다.
❹ ①의 고기에 양념을 만들어 무친다.
❺ 배의 껍질을 제거하고 설탕물에 담근다.
❻ 배는 0.3×0.3×5cm 크기로 채를 썰어 가장자리에 돌려 담고 가운데에 양념한 고기를 올린 다음, 고기 가장자리에 마늘편을 돌려 담는다.
❼ 고기 위에 잣가루를 고명으로 얹는다.

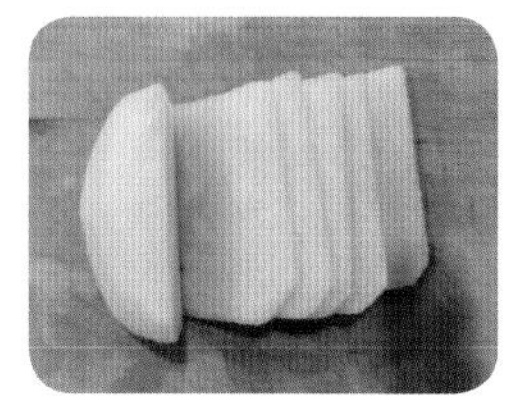

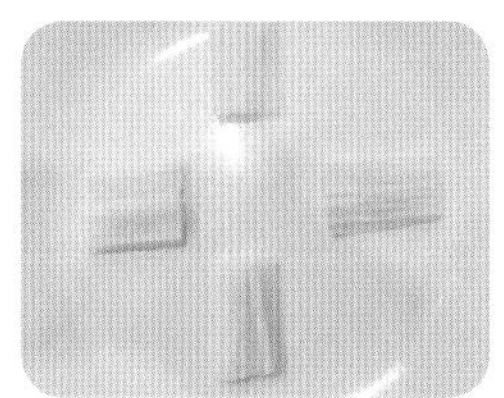

Point

- 육회는 썰어서 바로 참기름과 설탕에 무쳐 놓으면 고기색이 변하지 않고 부드럽게 연육작용을 한다.
- 잣은 면포로 닦고 나서 고깔을 제거하고, 칼로 곱게 다져서 잣가루를 만들어 사용한다.
- 배는 갈변 방지를 위해 설탕물에 담갔다가 사용한다.

MEMO

양념비율 정리

- **연육 양념** : 설탕 1큰술, 참기름 2작은술
- **양념 비율** : 다진 마늘 1큰술, 다진 파 1/2큰술, 소금 1/2작은술, 깨소금 1작은술, 검은 후춧가루 약간

실수사례

- 육회 양념에 간장을 첨가하는 경우
- 배를 미리 썰어 놓아서 갈변되는 경우
- 도마의 위생상태가 불량한 경우
- 육회 완성품 위에 잣가루를 뿌려내지 않는 경우

미나리강회

시험 시간 **35분**

요구사항

※ 주어진 재료를 사용하여 미나리강회를 만드시오.

❶ 강회의 폭은 1.5cm, 길이는 5cm로 만드시오.
❷ 홍고추의 폭은 0.5cm, 길이는 4cm로 만드시오.
❸ 달걀은 황 · 백지단으로 사용하시오.
❹ 강회는 8개 만들어 초고추장과 함께 제출하시오.

지급재료

- 소고기(살코기, 길이 7cm) 80g
- 미나리(줄기 부분) 30g
- 홍고추(생) 1개
- 달걀 2개
- 고추장 15g
- 식초 5㎖
- 백설탕 5g
- 소금(정제염) 5g
- 식용유 10㎖

만드는 법

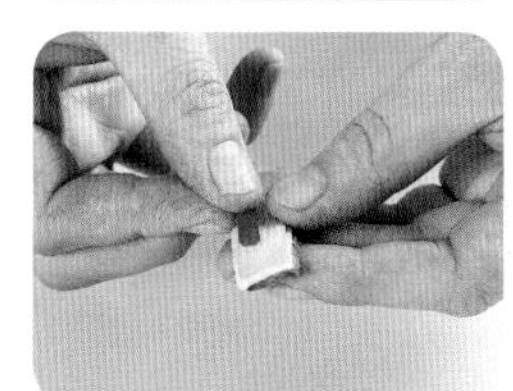
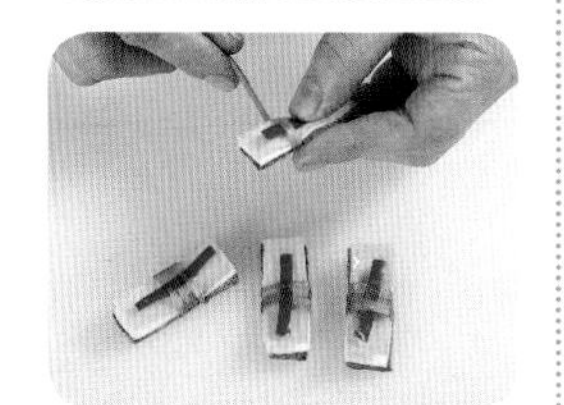

❶ 미나리는 뿌리와 잎을 제거하고 끓는 물에 소금을 넣고 데쳐서 찬물에 식혀 물기를 닦고 길게 두 갈래로 찢어 놓는다.
❷ 소고기는 끓는 물에 덩어리째 삶아 식힌 뒤 폭 1.5cm, 길이 5cm로 썰어 놓는다.
❸ 홍고추는 반으로 갈라 씨를 빼고 폭 0.5cm, 길이 4cm로 썰어 놓는다.
❹ 달걀은 황 · 백으로 나누어 지단을 부쳐 폭 1.5cm, 길이 5cm로 썰어 놓는다.
❺ 고기편육, 백지단, 황지단, 홍고추를 차례대로 놓고 미나리로 가운데를 돌려 감고 미나리 끝부분은 편육 뒤쪽으로 넣어준다.
❻ 초고추장을 만들어 종지에 담아낸다.

Point

- 미나리강회는 주재료가 미나리이므로 가운데에 감을 때 미나리를 충분히 감아주는 것이 좋다.
- 미나리는 두 갈래로 찢어 감아야 모양이 반듯하고 예쁘다.
- 편육은 삶아서 식은 후에 썰어야 부서지지 않는다.

MEMO

양념비율 정리

- **초고추장** : 고추장 1작은술, 식초 1작은술, 설탕 1/2 작은술

실수사례

- 편육이 안 익은 경우
- 초고추장을 곁들여 내지 않는 경우
- 주어진 시간 내에 완성하지 못한 경우

한식 조림 · 초 조리

학/습/평/가

학습내용	평가항목	성취수준		
		상	중	하
조림 · 초의 재료 · 부재료 준비 및 전처리	조림 · 초 조리에 따라 도구와 재료를 준비할 수 있다.			
	조리에 사용하는 재료를 필요량에 맞게 계량할 수 있다.			
	조림 · 초 조리의 재료에 따라 전처리를 수행할 수 있다.			
조림 양념장 제조	양념장 재료를 비율대로 혼합, 조절할 수 있다.			
초 양념장 제조	필요에 따라 양념장을 숙성할 수 있다.			
조림 조리	맛의 종류에 따라 비율대로 조리할 수 있다.			
	재료와 양념장의 비율, 첨가 시점을 조절할 수 있다.			
초 조리	재료가 눌어붙거나 모양이 흐트러지지 않게 화력을 조절하여 익힐 수 있다.			
	조리 종류에 따라 국물의 양을 조절할 수 있다.			
조림 · 초 담아 완성	조리 종류와 색, 형태, 인원수, 분량 등을 고려하여 그릇을 선택할 수 있다.			
	조리 종류에 따라 국물양을 조절하여 담아낼 수 있다.			
	조림 · 초 조리에 따라 고명을 얹어 낼 수 있다.			

두부조림

시험 시간 **25분**

요구사항

※ 주어진 재료를 사용하여 두부조림을 만드시오.

❶ 두부는 0.8×3×4.5cm로 잘라 지져서 사용하시오.
❷ 8쪽을 제출하고, 촉촉하게 보이도록 국물을 약간 끼얹어 내시오.
❸ 실고추와 파채를 고명으로 얹으시오.

지급재료

- 두부 200g
- 대파[흰 부분(4cm)] 1토막
- 실고추 1g
- 검은 후춧가루 1g
- 참기름 5㎖
- 소금(정제염) 5g
- 마늘[중(깐 것)] 1쪽
- 식용유 30㎖
- 진간장 15㎖
- 깨소금 5g
- 백설탕 5g

만드는 법

❶ 두부는 0.8×3×4.5cm로 네모지게 썰어 소금을 뿌린 뒤 마른 면포로 물기를 없앤다.

❷ 마늘과 파는 곱게 다져서 간장, 설탕, 깨소금, 후추, 참기름과 섞어 양념장을 만든다.

❸ 팬에 기름을 두르고 두부를 노릇노릇하게 앞뒤로 지져낸다.

❹ 고명용 대파는 2cm로 잘라 곱게 채썰고 실고추는 2cm 길이로 자른다.

❺ 냄비에 지져낸 두부를 넣고 물 1/2컵과 양념장을 넣어 은근한 불에서 천천히 조려 윤기를 내고 실고추, 파채를 얹어 잠시 뜸을 들인다.

❻ 그릇에 두부를 담고 국물을 끼얹는다.

Point

- 두부를 기름에 지질 때 색깔이 앞뒤로 균일하게 노릇노릇하게 나도록 지져야 조림을 했을 때 색이 곱다.
- 채 썬 파와 실고추는 가지런히 올려야 거칠지 않고 얌전하다.

MEMO

양념비율 정리

- 간장 1큰술, 설탕 1/2큰술, 다진 파 1작은술, 다진 마늘 1/2작은술, 깨소금 1/2작은술, 참기름 1/2작은술, 검은 후춧가루 약간

실수사례

- 두부를 팬에 오래 지져내서 두부의 질감이 부드럽지 않은 경우
- 두부조림이 윤기가 나지 않는 경우

홍합초

시험 시간 **20분**

요구사항

※ 주어진 재료를 사용하여 홍합초를 만드시오.

❶ 마늘과 생강은 편으로, 파는 2cm로 써시오.

❷ 홍합은 데쳐서 전량 사용하고, 촉촉하게 보이도록 국물을 끼얹어 제출하시오.

❸ 잣가루를 고명으로 얹으시오.

지급재료

- 생홍합(굵고 싱싱한 것, 껍질 벗긴 것으로 지급) 100g
- 대파[흰 부분(4cm)] 1토막
- 검은 후춧가루 2g
- 참기름 5mℓ
- 마늘[중(깐 것)] 2쪽
- 진간장 40mℓ
- 생강 15g
- 백설탕 10g
- 잣(깐 것) 5개

만드는 법

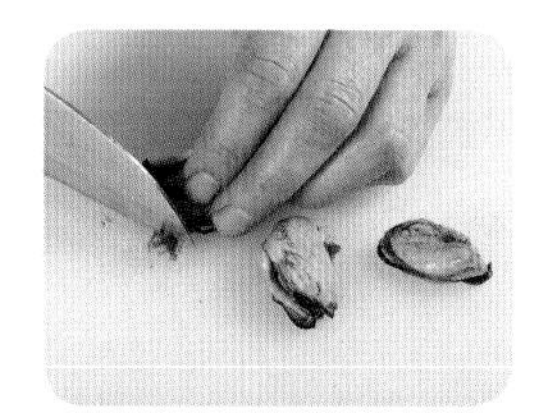

❶ 생홍합은 물에 흔들어 씻어 가운데 잔털을 제거하고 끓는 물에 데쳐 찬물에 헹궈 놓는다.
❷ 파는 2cm 길이로 토막내고, 마늘과 생강은 0.3cm 정도 두께로 편으로 썰어 놓는다.
❸ 잣은 다져서 잣가루를 만들어 놓는다.
❹ 냄비에 물과 간장, 설탕을 넣고 끓으면 데친 홍합을 넣고 중불에서 윤기나게 조리다가 파, 마늘, 생강, 후추를 넣고 국물이 거의 졸아들면 참기름을 넣어 마무리한다.
❺ 그릇에 홍합초를 담고, 조림 국물을 끼얹은 후 잣가루를 고명으로 얹는다.

Point

- 초는 어패류나 해물 등을 데쳐 싱겁고 달콤하게 조린다는 의미로 간을 약하고 달게 해서 윤기 나게 조리는 조리법이다.
- 홍합을 데칠 때는 살짝 데쳐야 조림을 하고 나면 부드럽고, 은근한 불에서 조려야 색깔이 곱고 밝게 조려진다.
- 생홍합이나 피홍합은 끓는 물에 데쳐서 사용하면 잔털제거가 훨씬 수월하다.

MEMO

양념비율 정리

- 물 1/2컵, 간장 1큰술, 설탕 1/2큰술, 검은 후춧가루 약간

실수사례

- 마늘을 채 썰거나 다지는 경우
- 잣가루를 뿌려내지 않는 경우
- 홍합조림 시 물을 많이 넣고 조려서 홍합조림이 질겨지는 경우

한식 구이 조리

학/습/평/가

<table>
<tr><th rowspan="2">학습내용</th><th rowspan="2">평가항목</th><th colspan="3">성취수준</th></tr>
<tr><th>상</th><th>중</th><th>하</th></tr>
<tr><td rowspan="3">구이 재료 준비</td><td>조리에 사용하는 재료를 필요량에 맞게 계량할 수 있다.</td><td></td><td></td><td></td></tr>
<tr><td>구이의 종류에 맞추어 도구와 재료를 준비할 수 있다.</td><td></td><td></td><td></td></tr>
<tr><td>재료에 따라 요구되는 전처리를 수행할 수 있다.</td><td></td><td></td><td></td></tr>
<tr><td rowspan="2">구이 양념장 제조</td><td>양념장 재료를 비율대로 혼합, 조절할 수 있다.</td><td></td><td></td><td></td></tr>
<tr><td>필요에 따라 양념장을 숙성할 수 있다.</td><td></td><td></td><td></td></tr>
<tr><td rowspan="4">구이 조리</td><td>구이 종류에 따라 유장 처리나 양념을 할 수 있다.</td><td></td><td></td><td></td></tr>
<tr><td>구이 종류에 따라 초벌구이를 할 수 있다.</td><td></td><td></td><td></td></tr>
<tr><td>온도와 불의 세기를 조절하여 익힐 수 있다.</td><td></td><td></td><td></td></tr>
<tr><td>구이의 색, 형태를 유지할 수 있다.</td><td></td><td></td><td></td></tr>
<tr><td>구이 그릇 선택</td><td>조리 종류와 색, 형태, 인원수, 분량 등을 고려하여 그릇을 선택할 수 있다.</td><td></td><td></td><td></td></tr>
<tr><td rowspan="3">구이 제공</td><td>조리한 음식을 부서지지 않게 담을 수 있다.</td><td></td><td></td><td></td></tr>
<tr><td>구이 종류에 따라 따뜻한 온도로 유지하여 담을 수 있다.</td><td></td><td></td><td></td></tr>
<tr><td>조리 종류에 따라 고명으로 장식할 수 있다.</td><td></td><td></td><td></td></tr>
</table>

학습자 결과물

너비아니구이

시험 시간 **25분**

요구사항

※ 주어진 재료를 사용하여 너비아니구이를 만드시오.

❶ 완성된 너비아니는 0.5×4×5cm로 하시오.
❷ 석쇠를 사용하여 굽고, 6쪽 제출하시오.
❸ 잣가루를 고명으로 얹으시오.

지급재료

- 소고기(안심 또는 등심, 덩어리로) 100g
- 배(50g) 1/8개
- 진간장 50㎖
- 대파[흰 부분(4cm)] 1토막
- 마늘[중(깐 것)] 2쪽
- 검은 후춧가루 2g
- 백설탕 10g
- 깨소금 5g
- 참기름 10㎖
- 식용유 10㎖
- 잣(깐 것) 5개

만드는 법

❶ 소고기는 먼저 핏물을 키친타월에 제거한 후 겉에 있는 기름기나 힘줄을 제거하고 두께 약 0.4cm로 하여 앞뒤로 칼등으로 자근자근 두들기고, 잔 칼집을 넣어 오그라들지 않게 한 후 너비 5cm 길이 6cm로 6쪽을 썰어 놓는다.
❷ 배는 갈아서 즙을 낸 다음 소고기에 재워 연하게 한다.
❸ 파, 마늘은 곱게 다져서 간장, 설탕, 깨소금, 후추, 참기름으로 고기양념을 만들어 놓는다.
❹ ②의 소고기에 ③번 양념을 넣어 재워둔다.
❺ 잣은 다져서 잣가루를 만들어 놓는다.
❻ 석쇠에 식용유를 바르고 코팅한 후 석쇠를 달구어 양념에 재운 소고기를 타지 않게 윤기나게 굽는다.
❼ 그릇에 6개를 담고 잣가루를 뿌려낸다.

Point

- 소고기는 결 반대로 잘라야 연하고, 앞뒤로 자근자근 두드려야 고기가 연하며 구웠을 때 오그라드는 것을 방지할 수 있다.
- 고기를 구울 때에는 처음에 센 불에서 표면을 응고시킨 후 불을 줄이고 양념장을 고루 발라가면서 구우면 윤기 나게 구울 수 있다.
- 잣은 면포로 닦고 나서 고깔을 제거하고, 곱게 다져서 잣가루를 만들어 사용한다.

MEMO

양념비율 정리

- **너비아니 양념** : 간장 1큰술, 설탕 1/2큰술, 다진 파 1/3작은술, 다진 마늘 1/3작은술, 깨소금 1/3작은술, 참기름 1작은술, 후춧가루 약간

실수사례

- 고기재단을 잘못하여 제출하는 완성품 수량이 충족되지 않은 경우
- 고기양념에서 간장을 많이 첨가하여 완성품이 짜고 색이 진하게 된 경우
- 완성품에 잣가루를 뿌려내지 않는 경우

제육구이

시험 시간 **30분**

요구사항

※ 주어진 재료를 사용하여 제육구이를 만드시오.

❶ 완성된 제육은 0.4×4×5cm로 하시오.
❷ 고추장 양념하여 석쇠에 구우시오.
❸ 제육구이는 전량 제출하시오.

지급재료

- 돼지고기(등심 또는 볼깃살) 150g
- 고추장 40g
- 진간장 10㎖
- 대파[흰 부분(4cm)] 1토막
- 마늘[중(깐 것)] 2쪽
- 검은 후춧가루 2g
- 백설탕 15g
- 깨소금 5g
- 참기름 5㎖
- 생강 10g
- 식용유 10㎖

만드는 법

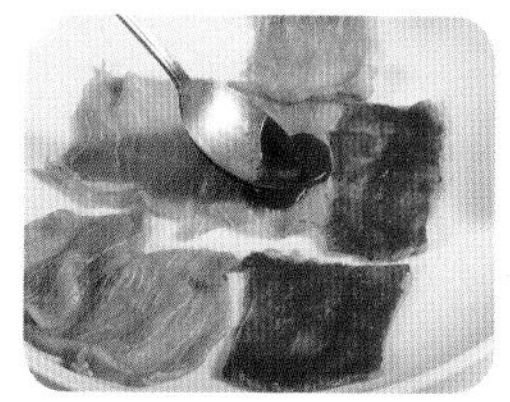

❶ 파, 마늘은 곱게 다지고, 생강은 즙을 만들어 고추장 양념을 만든다.
❷ 돼지고기는 겉에 있는 기름기나 힘줄을 제거하고, 결 반대로 두께 0.4cm로 썰어 칼등으로 두들기고 잔 칼집을 넣어 오그라들지 않게 한 다음 4.5×5.5cm로 썰어 놓는다.
❸ 고추장, 간장, 설탕, 다진 파, 마늘, 생강, 깨소금, 후춧가루, 참기름을 넣어 고추장 양념을 만든다.
❹ 손질된 돼지고기에 고추장 양념을 발라서 간이 골고루 배도록 한다.
❺ 석쇠에 식용유를 바르고 코팅한 후 석쇠를 달구어 양념한 돼지고기를 올려 놓고 타지 않게 구우며 어느 정도 익으면 고추장 양념을 덧발라가며 윤기나게 굽는다.
❻ 그릇에 전량을 담아낸다.

Point

- 고추장 양념에 간장을 많이 사용하면 양념이 짙어져서 색이 곱지 않고, 양념장이 묽어져서 양념이 흐르는 역할을 하므로 조금만 넣어서 감칠맛과 간을 맞춘다.
- 다진 생강을 넣을 때는 곱게 다져야 하고, 생강즙은 타지도 않고 양념장의 농도를 조절하는 역할도 한다.
- 고추장 양념을 바른 제육은 익었는가를 판단하기 어려우므로 센 불에서 급하게 구우면 표면만 타고 속은 익지 않는다. 고기가 완전히 익어야 하므로 양념장을 덧발라 구우면 표면이 촉촉하다.

MEMO

양념비율 정리

- **고추장 양념** : 고추장 2큰술, 간장 1작은술, 설탕 1큰술, 다진 파 1작은술, 다진 마늘 1/2작은술, 깨소금 1/2작은술, 참기름 1작은술, 검은 후춧가루약간, 생강즙 1작은술

실수사례

- 제육을 잘못 재단하여 요구작품 수량이 충족되지 않은 경우
- 구이 시 불 조절을 잘못하여 타는 경우
- 구이가 안 익은 경우

북어구이

시험 시간 **20분**

요구사항

※ 주어진 재료를 사용하여 북어구이를 만드시오.

❶ 구워진 북어의 길이는 5cm로 하시오.
❷ 유장으로 초벌구이하고 고추장 양념으로 석쇠에 구우시오.
❸ 완성품은 3개를 제출하시오.
※ 단, 세로로 잘라 3/6토막 제출할 경우 수량 부족으로 실격 처리

지급재료

- 북어포[반을 갈라 말린 껍질이 있는 것(40g)] 1마리
- 진간장 20㎖,
- 대파[흰 부분(4cm)] 1토막
- 마늘[중(깐 것)] 2쪽
- 고추장 40g
- 백설탕 10g
- 깨소금 5g
- 참기름 15㎖
- 검은 후춧가루 2g
- 식용유 10㎖

만드는 법

❶ 북어포는 물에 잠시 불려 물기를 꼭 짠 후 머리, 꼬리 잔뼈나 지느러미를 제거하고 껍질 쪽과 가장자리에 칼집을 넣어 6cm 길이로 자른다.
❷ 파, 마늘을 곱게 다져서 고추장 양념을 만든다.
❸ 유장 양념을 만들어 손질된 북어포에 유장을 살짝 발라서 초벌구이한다.
❹ 초벌구이한 북어포에 고추장을 발라서 재운다.
❺ 양념에 재운 북어포를 타지 않게 코팅한 석쇠에 잘 굽는다.
❻ 그릇에 3개를 담아낸다.

Point

- 북어포는 오래 물에 불리면 살이 부서지므로 잠시 물만 적셔서 사용한다.
- 북어껍질에 가로, 세로 잔 칼집을 넣어 오그라들지 않게 한다.
- 북어구이를 석쇠에서 구울 때 양쪽의 석쇠손잡이를 꼭 붙잡고 구우면 형태가 반듯하게 되어 보기 좋게 된다.

MEMO

양념비율 정리

- **유장 양념** : 참기름 3, 간장 1
- **고추장 양념** : 고추장 2큰술, 간장 1작은술, 설탕 1큰술, 다진 파 1작은술, 다진 마늘 1/2작은술, 깨소금 1/2작은술, 참기름 1작은술, 검은 후춧가루 약간

실수사례

- 북어를 충분히 불려서 사용하지 않아 북어구이가 딱딱한 경우
- 북어에 칼집을 넣지 않아서 완성품의 모양이 반듯하게 나오지 않은 경우
- 유장처리를 하지 않고 바로 고추장 양념에 굽는 경우

더덕구이

시험 시간 **30분**

요구사항

※ 주어진 재료를 사용하여 더덕구이를 만드시오.

❶ 더덕은 껍질을 벗겨 사용하시오.
❷ 유장으로 초벌구이하고 고추장 양념으로 석쇠에 구우시오.
❸ 완성품은 전량 제출하시오.

지급재료

- 통더덕(껍질 있는 것, 길이 10~15cm) 3개
- 진간장 10㎖
- 대파[흰 부분(4cm)] 1토막
- 마늘[중(깐 것)] 1쪽
- 고추장 30g
- 백설탕 5g
- 깨소금 5g
- 참기름 10㎖
- 소금(정제염) 10g
- 식용유 10㎖

만드는 법

❶ 더덕은 깨끗이 씻고 물기를 닦아 껍질을 돌려가며 벗긴 다음, 소금물에 담가 쓴 맛을 제거한다.
❷ 파, 마늘은 곱게 다진다.
❸ 유장을 만들고, 고추장 양념도 만든다.
❹ 쓴맛을 뺀 더덕은 물기를 닦고 통이나 반으로 갈라 방망이로 자근자근 두들겨 편편하게 편다.
❺ 편 더덕은 유장을 발라서 미리 손질된 석쇠에 초벌구이를 한다.
❻ 초벌구이 한 더덕에 고추장 양념을 골고루 발라 석쇠를 상하좌우로 움직이며 타지 않게 굽는다.
❼ 완성된 더덕구이는 전량 제출한다.

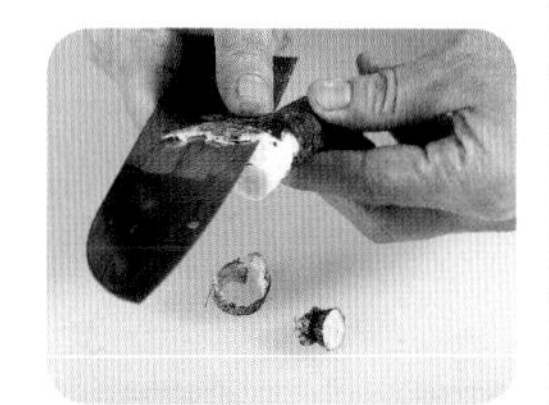

Point

- 더덕은 소금물에 담가 충분히 절인 후 방망이로 자근자근 두들기거나 밀어야 부서지지 않는다.
- 더덕에 유장을 너무 많이 바르면 구이하고 나서 질척해지고, 고추장 양념이 흡수가 안 되므로 살짝 발라 초벌구이를 해야 한다.
- 고추장 양념이 타지 않도록 불 조절에 주의하고 특히 가장자리가 타지 않도록 유의한다.

MEMO

양념비율 정리

- **유장 양념** : 참기름 3, 간장 1
- **고추장 양념** : 고추장 1큰술, 간장 1/3작은술, 설탕 1작은술, 다진 파 1작은술, 다진 마늘 1/2작은술, 깨소금 1/2작은술, 참기름 약간

실수사례

- 더덕이 충분히 붇지 않은 상태에서 두들겨 부서지는 경우
- 유장을 발라서 초벌구이를 하지 않은 경우
- 더덕이 안 익은 경우
- 제한시간을 초과한 경우

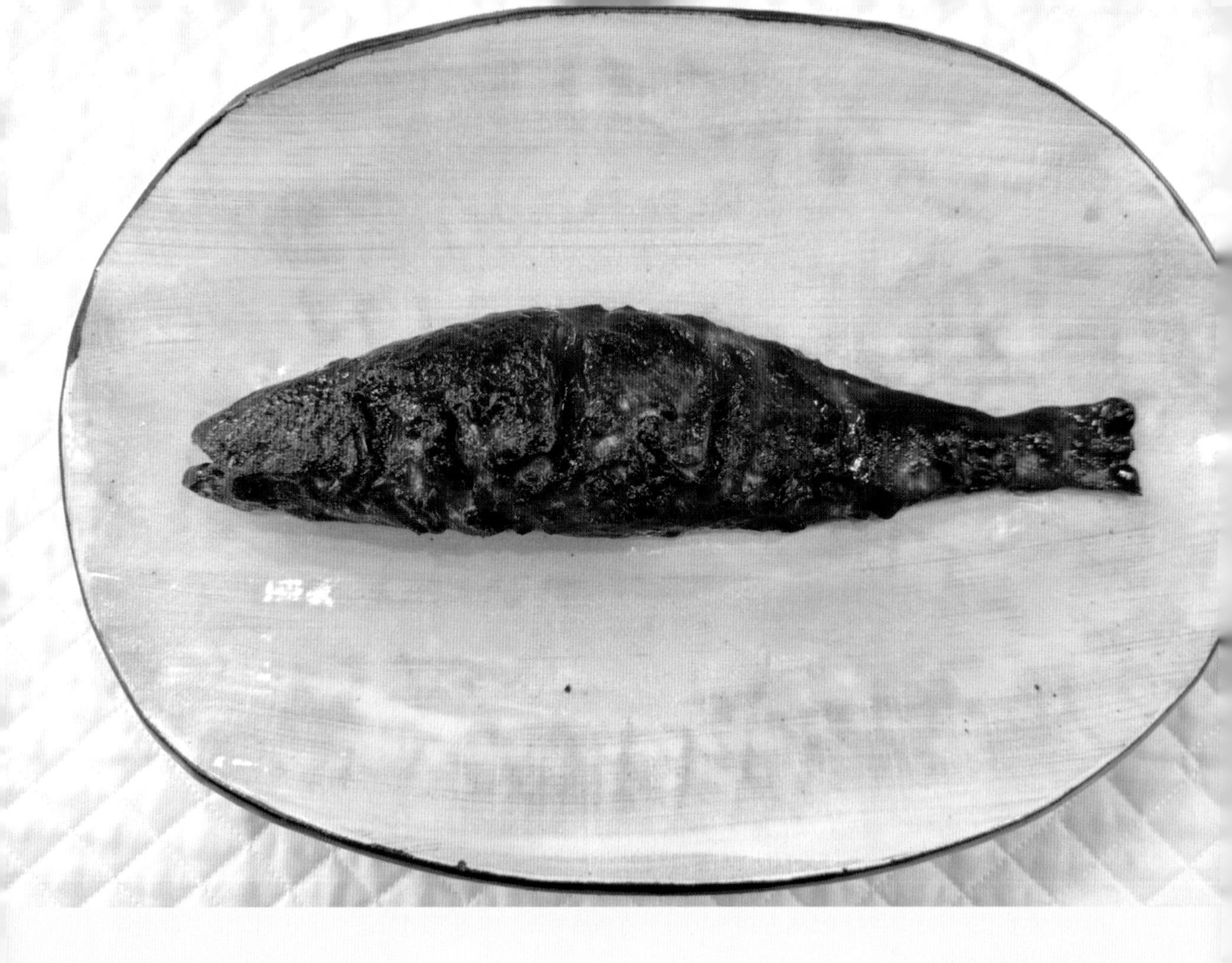

생선양념구이

시험 시간 **30분**

요구사항

※ 주어진 재료를 사용하여 생선양념구이를 만드시오.

❶ 생선은 머리와 꼬리를 포함하여 통째로 사용하고, 내장은 아가미 쪽으로 제거하시오.

❷ 칼집 넣은 생선은 유장으로 초벌구이하고 고추장 양념으로 석쇠에 구우시오.

❸ 생선구이는 머리 왼쪽, 배 앞쪽 방향으로 담아내시오.

지급재료

- 조기(100g~120g) 1마리
- 진간장 20㎖
- 대파[흰 부분(4cm)] 1토막
- 마늘[중(깐 것)] 1쪽
- 고추장 40g
- 백설탕 5g
- 깨소금 5g
- 참기름 5㎖
- 소금(정제염) 20g
- 검은 후춧가루 2g
- 식용유 10㎖

만드는 법

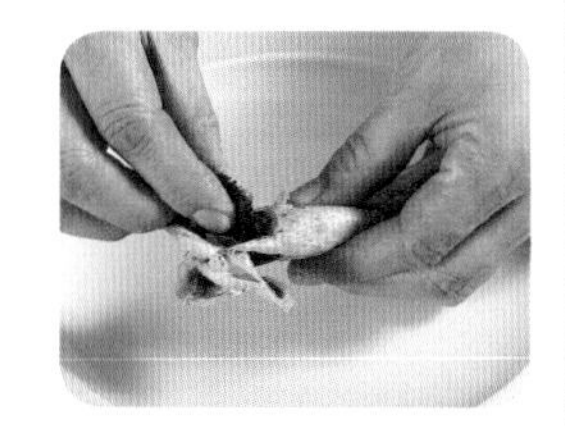

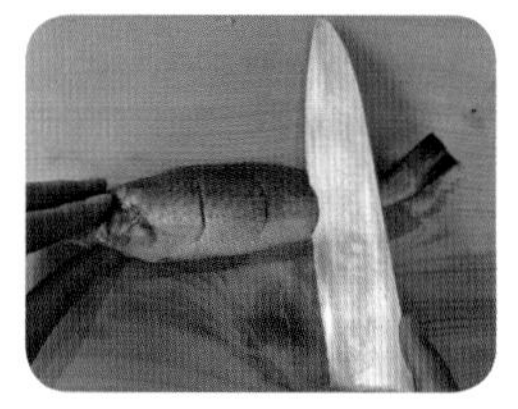

❶ 생선은 칼등을 이용하여 비늘을 꼬리에서 머리 쪽으로 긁고, 반대쪽 아가미로 내장을 꺼낸 다음 지느러미를 정리하고 깨끗이 씻어 앞쪽 등쪽에 칼집을 넣어 소금을 약간 뿌려둔다.
❷ 파, 마늘을 곱게 다져서 고추장 양념을 만든다.
❸ 유장 양념도 만든다.
❹ 소금에 절인 생선은 다시 깨끗이 씻고 물기를 닦은 후 유장을 발라 초벌구이를 한다.
❺ 초벌구이를 한 생선은 고추장 양념을 골고루 발라서 타지 않게 다시 구워준다.
❻ 그릇에 생선을 담을 때 방향을 고려해서 담는다.

Point

- 생선양념구이는 담을 때 생선의 머리가 왼쪽, 꼬리가 오른쪽, 배가 아래쪽으로 오도록 한다.
- 생선은 머리를 그대로 두고 내장이 터지지 않도록 반대쪽 아가미에서 꼬챙이나 쇠젓가락으로 내장을 빼낸다. 이때, 생선살이 부서지지 않도록 주의한다.

MEMO

양념비율 정리

- **유장 양념** : 참기름 3, 간장 1
- **고추장 양념** : 고추장 2큰술, 간장 1작은술, 설탕 1작은술, 다진 파 1작은술, 다진 마늘 1/2작은술, 깨소금 1/2작은술, 참기름 약간, 검은 후춧가루 약간

실수사례

- 생선구이가 충분히 익지 않은 경우
- 생선의 내장 제거가 충분히 되지 않은 경우
- 유장을 발라 초벌구이를 하지 않은 경우
- 구이 시 불조절을 실패하여 타는 경우

한식 숙채 조리

학/습/평/가

학습내용	평가항목	성취수준		
		상	중	하
숙채 재료 준비	숙채의 종류에 맞추어 도구와 재료를 준비할 수 있다.			
	조리에 사용하는 재료를 필요량에 맞게 계량할 수 있다.			
	재료에 따라 요구되는 전처리를 수행할 수 있다.			
숙채 조리	양념장 재료를 비율대로 혼합, 조절할 수 있다.			
	조리법에 따라서 삶거나 데칠 수 있다.			
	양념이 잘 배합되도록 무치거나 볶을 수 있다.			
숙채 담아 완성	조리 종류와 색, 형체, 인원수, 분량 등을 고려하여 그릇을 선택할 수 있다.			
	숙채의 색, 형태, 재료, 분량을 고려하여 그릇에 담아낼 수 있다.			
	조리 종류에 따라 고명을 올리거나 양념장을 곁들일 수 있다.			

학습자 결과물

잡채

시험 시간 **35분**

요구사항

※ 주어진 재료를 사용하여 잡채를 만드시오.

❶ 소고기, 양파, 오이, 당근, 도라지, 표고버섯은 0.3×0.3×6cm로 썰어 사용하시오.
❷ 숙주는 데치고 목이버섯은 찢어서 사용하시오.
❸ 당면은 삶아서 유장처리하여 볶으시오.
❹ 황 · 백지단은 0.2×0.2×4cm로 썰어 고명으로 얹으시오.

지급재료

- 당면 20g
- 소고기(살코기, 길이 7cm) 30g
- 오이(가늘고 곧은 것, 길이 20cm) 1/3개
- 대파[흰 부분(4cm)] 1토막
- 당근(곧은 것, 길이 7cm) 50g
- 건표고버섯(지름 5cm, 물에 불린 것, 부서지지 않은 것) 1개
- 양파[중(150g)] 1/3개
- 숙주(생것) 20g
- 건목이버섯(지름 5cm, 물에 불린 것) 2개
- 마늘[중(깐 것)] 2쪽
- 통도라지(껍질 있는 것, 길이 20cm) 1개
- 백설탕 10g
- 진간장 20㎖
- 식용유 50㎖
- 깨소금 5g
- 검은 후춧가루 1g
- 참기름 5㎖
- 소금(정제염) 15g
- 달걀 1개

만드는 법

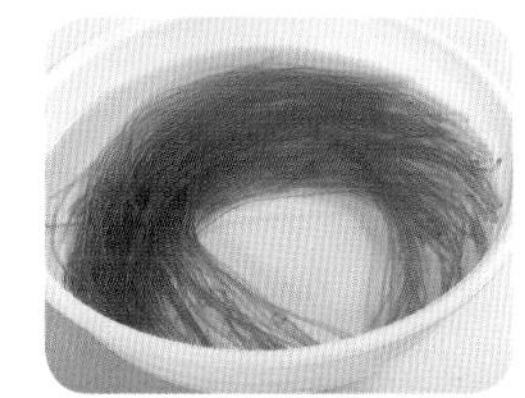

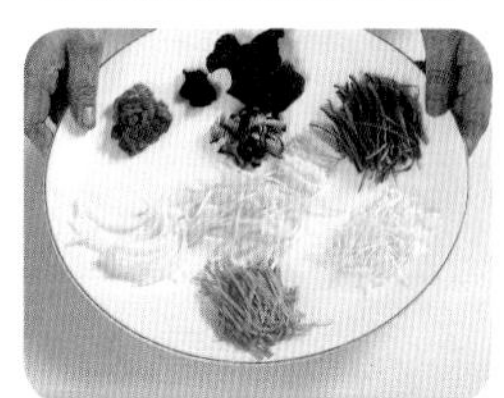

❶ 도라지는 0.3×0.3×6cm 크기로 썰어 소금으로 주물러 쓴맛을 없앤 다음 물기를 제거한다.
❷ 오이는 소금으로 문질러 씻어 6cm 길이로 돌려 깎고 0.3cm 두께로 채 썰어 소금에 살짝 절인 뒤 물기를 제거한다.
❸ 숙주는 거두절미하여 끓는 물에 데쳐서 참기름, 소금에 무친다.
❹ 양파, 당근은 0.3×0.3×6cm 크기로 썰고 당근은 소금에 절여 씻어 물기를 제거한다.
❺ 파, 마늘을 곱게 다져서 고기양념장을 만든다.
❻ 소고기, 표고버섯은 0.3×0.3×6cm 크기로 썰어 양념하고, 목이버섯은 불려서 손으로 찢어 양념한다.
❼ 달걀은 황 · 백으로 나누어 소금간을 하고 잘 풀어 놓는다.
❽ 당면은 끓는 물에 삶아 찬물에 헹구어 물기를 뺀 후 길이를 짧게 잘라서 간장, 참기름에 무쳐 놓는다.
❾ 팬에 기름을 두르고 황 · 백지단, 도라지, 오이, 당근, 버섯, 소고기, 당면 순서대로 볶아 넓은 그릇에 펼쳐 식힌다.
❿ 볶아 놓은 재료와 볶은 당면을 한데 합하여 참기름, 깨소금으로 고루 버무려 맛을 낸다.
⓫ 그릇에 잡채를 담고 황 · 백지단을 고명으로 얹는다.

Point

- 목이버섯과 숙주를 제외한 모든 재료는 0.3×0.3×6cm로 채 썰어 따로 볶아 식혔다가 볶아 놓은 당면과 함께 버무려 낸다.
- 재료를 팬에 볶을 때는 깨끗한 순서로 볶아야 깔끔하다.

MEMO

양념비율 정리

- **고기(간장)양념** : 간장 1큰술, 설탕 1/2큰술, 다진 파, 다진 마늘, 깨소금 1/2작은술, 참기름 1/2작은술, 후춧가루 약간
- **당면 양념** : 간장, 참기름

실수사례

- 당면을 충분히 삶지 않아서 덜 익은 경우
- 주어진 시간 내에 완성하지 못한 경우
- 숙주를 거두절미하지 않고 데치는 경우

탕평채

시험 시간 **35분**

요구사항

※ 주어진 재료를 사용하여 탕평채를 만드시오.

❶ 청포묵은 0.4×0.4×6cm로 썰어 데쳐서 사용하시오.
❷ 모든 부재료의 길이는 4~5cm로 써시오.
❸ 소고기, 미나리, 거두절미한 숙주는 각각 조리하여 청포묵과 함께 초간장으로 무쳐 담아내시오.
❹ 황 · 백지단은 4cm 길이로 채 썰고, 김은 구워 부숴서 고명으로 얹으시오.

지급재료

- 청포묵[중(길이 6cm)] 150g
- 소고기(살코기, 길이 5cm) 20g
- 숙주(생것) 20g
- 미나리(줄기 부분) 10g
- 달걀 1개
- 김 1/4장
- 진간장 20㎖
- 마늘[중(깐 것)] 2쪽
- 대파[흰 부분(4cm)] 1토막
- 검은 후춧가루 1g
- 참기름 5㎖
- 백설탕 5g
- 깨소금 5g
- 식초 5㎖
- 소금(정제염) 5g
- 식용유 10㎖

만드는 법

❶ 숙주는 머리, 꼬리를 떼고 소금물에 데쳐서 소금, 참기름에 무쳐 놓는다.
❷ 미나리는 잎은 모두 제거한 후 소금물에 데쳐서 4cm 길이로 잘라 소금, 참기름에 무친다.
❸ 청포묵은 0.4×0.4×6cm로 썰어 끓는 물에 데친 후 소금, 참기름에 무쳐 놓는다.
❹ 파, 마늘은 곱게 다져서 고기양념을 만든다.
❺ 달걀은 황·백으로 나누어 지단을 부쳐 4cm 길이로 채 썰고 김은 살짝 구워서 부순다.
❻ 소고기는 채 썰어 양념한 후 약불에 볶아 놓는다.
❼ 준비한 재료를 초간장으로 무쳐서 그릇에 담고 김과 황·백지단을 고명으로 올린다.

Point

- 청포묵을 일정하게 썰 때 칼날에 물기가 있으면 들러붙지 않으며 썰기가 쉽고, 굳은 것은 썰어서 끓는 물에 데쳐 사용하면 부드럽게 된다.
- 미나리는 미리 무치면 색이 변하므로 내기 직전에 무쳐 담는다.

MEMO

양념비율 정리

- **고기(간장)양념** : 간장 1작은술, 설탕 1/2작은술, 다진 파, 다진 마늘, 깨소금, 참기름, 후춧가루 약간
- **초간장** : 식초 1작은술, 간장 1큰술, 설탕 1작은술

실수사례

- 숙주나물을 거두절미하지 않은 경우
- 탕평채를 버무릴 때 초간장을 많이 넣어 완성품의 색상이 진하게 보이는 경우
- 김을 잘못 보관하여 물에 젖는 경우

칠절판

시험 시간 **40분**

요구사항

※ 주어진 재료를 사용하여 칠절판을 만드시오.

❶ 밀전병은 지름이 8cm가 되도록 6개를 만드시오.

❷ 채소와 황 · 백지단, 소고기는 0.2×0.2×5cm로 써시오.

❸ 석이버섯은 곱게 채를 써시오.

지급재료

- 소고기(살코기, 길이 6cm) 50g
- 오이(가늘고 곧은 것, 길이 20cm) 1/2개
- 당근(곧은 것, 길이 7cm) 50g
- 달걀 1개
- 밀가루(중력분) 50g
- 석이버섯[부서지지 않은 것(마른 것)] 5g
- 마늘[중(깐 것)] 2쪽
- 진간장 20㎖
- 대파[흰 부분(4cm)] 1토막
- 검은 후춧가루 1g
- 참기름 10㎖
- 백설탕 10g
- 깨소금 5g
- 식용유 30㎖
- 소금(정제염) 10g

만드는 법

❶ 석이버섯은 따뜻한 물에 불려 손질하고 돌돌 말아 0.2cm로 채 썬 뒤 소금, 참기름으로 무쳐 놓는다.
❷ 오이는 소금으로 문질러 씻어 5cm 길이로 잘라 돌려깎기 하여 0.2cm 두께로 채 썰어 소금에 절였다가 물기를 제거한다.
❸ 당근은 0.2×0.2×5cm로 채 썰어 소금에 살짝 절여 물기를 제거한다.
❹ 파, 마늘은 곱게 다져서 고기양념장을 만든다.
❺ 소고기는 0.2×0.2×5cm로 채 썰어 양념을 해 놓는다.
❻ 달걀은 황 · 백으로 나누어 소금간을 하여 부드럽게 풀어 거품을 제거한다.
❼ 밀전병은 밀가루 5큰술, 물 6큰술, 소금 약간 넣어서 멍울이 없이 풀어서 체에 한 번 내려 직경 8cm 원형으로 얇게 부친다.
❽ 팬에 기름을 두르고 황 · 백지단, 오이, 당근, 석이버섯, 소고기를 볶아 그릇에 펼쳐서 식힌다.
❾ 그릇에 식힌 재료들을 색 맞추어 담고 가운데 밀전병을 담는다.

Point

- 밀전병은 밀가루에 물을 넣어 멍울이 없이 잘 풀어 다시 한번 체에 내려줘야 결이 없이 깔끔하게 된다.
- 밀전병은 체 친 밀가루와 물은 동량이나, 물을 1큰술 정도 더 넣어야 농도가 맞는다.
- 재료를 팬에서 볶을 때는 깨끗한 재료부터 볶는다.

MEMO

양념비율 정리

- **밀전병** : 밀가루 5큰술, 물 6큰술, 소금 약간
- **고기 양념** : 간장 1작은술, 설탕 1/2작은술, 다진 파, 다진 마늘, 깨소금, 참기름, 후춧가루 약간
- **석이버섯** : 참기름, 소금

실수사례

- 완성된 칠절판의 담겨진 각각의 재료들의 양이 서로 다른 경우
- 밀전병의 반죽이 너무 되거나 묽은 경우
- 밀전병 개수가 부족한 경우

한식 볶음 조리

학/습/평/가

학습내용	평가항목	성취수준		
		상	중	하
도구와 재료 준비 및 계량	볶음 조리에 따라 도구와 재료를 준비할 수 있다.			
	조리에 사용하는 재료를 필요량에 맞게 계량할 수 있다.			
재료 전처리	볶음 조리의 재료에 따라 전처리를 수행할 수 있다.			
양념장 제조	양념장 재료를 비율대로 혼합, 조절하여 만들 수 있다.			
	필요에 따라 양념장을 숙성할 수 있다.			
재료 준비와 양념장 사용	조리 종류에 따라 준비한 도구에 재료와 양념장을 넣어 기름에 볶을 수 있다.			
	재료와 양념장의 비율, 첨가 시점을 조절할 수 있다.			
화력조절	재료가 눌어붙거나 모양이 흐트러지지 않게 화력을 조절하여 익힐 수 있다.			
그릇 선택 및 완성	조리 종류와 색, 형태, 인원수, 분량 등을 고려하여 그릇을 선택할 수 있다.			
	그릇 형태에 따라 조화롭게 담아낼 수 있다.			
고명 얹기	볶음 조리에 따라 고명을 얹어 낼 수 있다.			

학습자 결과물

오징어볶음

시험 시간 **30분**

요구사항

※ 주어진 재료를 사용하여 오징어볶음을 만드시오.

❶ 오징어는 0.3cm 폭으로 어슷하게 칼집을 넣고, 크기는 4×1.5cm로 써시오.(단, 오징어 다리는 4cm 길이로 자른다.)

❷ 고추, 파는 어슷썰기, 양파는 폭 1cm로 써시오.

지급재료

- 물오징어(250g) 1마리
- 양파[중(150g)] 1/3개
- 풋고추(길이 5cm 이상) 1개
- 홍고추(생) 1개
- 마늘[중(깐 것)] 2쪽
- 대파[흰 부분(4cm)] 1토막
- 소금(정제염) 5g
- 진간장 10㎖
- 백설탕 20g
- 참기름 10㎖
- 깨소금 5g
- 생강 5g
- 고춧가루 15g
- 고추장 50g
- 검은 후춧가루 2g
- 식용유 30㎖

만드는 법

❶ 파, 마늘, 생강은 곱게 다져서 고추장 양념을 만들어 놓는다.
❷ 양파는 1cm 폭으로 썬다.
❸ 홍고추, 풋고추, 대파는 어슷썰기를 한다.
❹ 오징어는 먹물이 터지지 않도록 내장을 제거하고 몸통과 다리의 껍질을 깨끗이 벗긴 후 안쪽에 어슷하게 0.3cm씩 가로, 세로 칼집을 넣은 후 4×1.5cm로 자른다.
❺ 팬에 기름을 두르고 다진 마늘을 볶다가 양파, 대파, 오징어, 풋고추, 홍고추를 넣고 골고루 볶아지면 양념장을 넣어 윤기나게 볶아 그릇에 담는다.

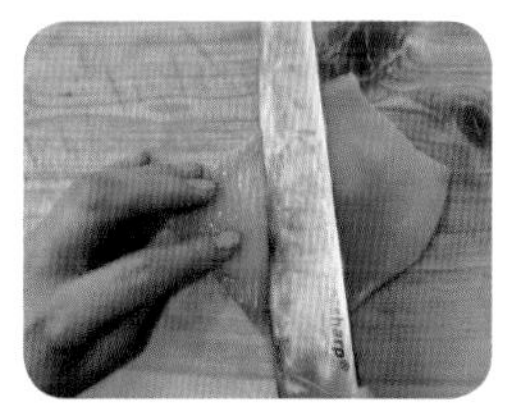

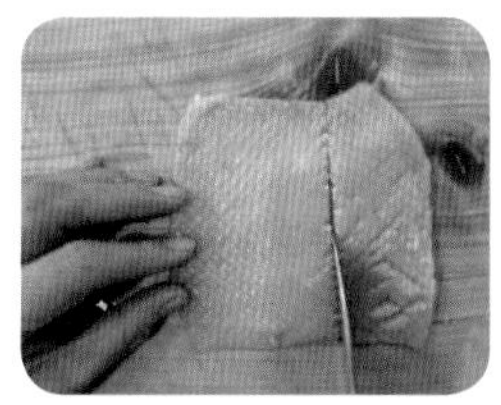

Point

- 오징어는 칼집을 넣을 때 간격이 똑같고 칼집의 깊이도 일정해야 볶았을 때 모양이 예쁘다.
- 오징어볶음은 고온에서 짧은 시간에 볶아 넓은 접시에 펼친 후 완성접시에 담아야 물이 생기지 않는다.
- 식용유를 너무 많이 넣고 볶으면 나중에 양념장과 기름이 분리된다.

MEMO

양념비율 정리

- 고추장 양념 : 고추장 2큰술, 고춧가루 1큰술, 간장 2작은술, 생강즙 1/2작은술, 설탕 1큰술, 다진 마늘 1작은술, 깨소금 1작은술, 참기름 1/2작은술, 검은 후춧가루 약간

실수사례

- 오징어볶음을 미리 완성하여 완성그릇에 물기가 생기는 경우
- 오징어를 볶을 때 식용유를 많이 넣어 양념과 기름이 분리되는 경우
- 오징어를 데쳐서 사용한 경우

한식 김치 조리

학/습/평/가

학습내용	평가항목	성취수준		
		상	중	하
김치 재료 준비	김치에 사용하는 재료를 필요량에 맞게 계량할 수 있다.			
	김치의 종류에 맞추어 도구와 재료를 준비할 수 있다.			
	재료에 따라 요구되는 전처리를 수행할 수 있다.			
	배추나 무 등의 김치 재료를 적정한 시간과 염도에 맞춰 절일 수 있다.			
김치 양념 배합	김치종류에 따른 양념 재료를 비율대로 혼합, 조절할 수 있다.			
	김치종류, 저장기간에 따라 양념의 비율을 조절할 수 있다.			
	양념을 용도에 맞게 활용할 수 있다.			
김치 담그기	김치의 특성에 맞도록 주재료에 부재료와 양념의 비율을 조절하여 소를 넣거나 버무릴 수 있다.			
	김치의 종류에 따라 국물의 양을 조절할 수 있다.			
	온도와 시간을 조절하여 숙성하여 보관할 수 있다.			
김치 담아 완성	김치의 종류에 따라 다양한 그릇을 선택할 수 있다.			
	적정한 온도를 유지하도록 담을 수 있다.			
	김치의 종류에 따라 조화롭게 담아낼 수 있다.			

학습자 결과물

배추김치

시험 시간 **35분**

요구사항

※ 주어진 재료를 사용하여 배추김치를 만드시오.

❶ 배추는 씻어 물기를 빼시오.
❷ 찹쌀가루로 찹쌀풀을 쑤어 식혀 사용하시오.
❸ 무는 0.3×0.3×5cm 크기로 채 썰어 고춧가루로 버무려 색을 들이시오.
❹ 실파, 갓, 미나리, 대파(채썰기)는 4cm로 썰고, 마늘, 생강, 새우젓은 다져 사용하시오.
❺ 소의 재료를 양념하여 버무려 사용하시오.
❻ 소를 배추 잎 사이사이에 고르게 채워 반을 접어 바깥 잎으로 전체를 싸서 담아내시오.

지급재료

- 절임배추[포기당 2.5~3kg(1/4포기당 500~600g)] 1/4포기
- 무(길이 5cm 이상) 100g
- 실파(쪽파 대체가능) 20g
- 갓(적겨자 대체가능) 20g
- 미나리(줄기부분) 10g
- 찹쌀가루(건식가루) 10g
- 새우젓 20g
- 멸치액젓 10mL
- 대파(흰부분, 4cm) 1토막
- 마늘(중, 깐 것) 2쪽
- 생강 10g
- 고춧가루 50g
- 소금(재제염) 10g
- 흰설탕 10g

만드는 법

❶ 절인 배추는 깨끗이 씻어 엎어 물기를 뺀다.
❷ 찹쌀가루 2큰술에 물 1컵을 넣고 잘 풀어 저어가며 풀을 끓여 식힌다.
❸ 무는 0.3×0.3×5cm로 채를 썰어 고춧가루 1큰술을 넣고 버무려 고춧물을 들여 놓는다.
❹ 실파, 갓, 미나리는 4cm 길이로 썰고 대파는 4cm 길이로 채를 썬다.
❺ 마늘, 생강, 새우젓은 곱게 다진다.
❻ 고춧가루 1/4컵에 찹쌀풀 넣고 불린 후 다진 마늘 1큰술, 다진 생강 1작은술, 새우젓 1큰술, 멸치액젓 1/2큰술, 설탕 1/2큰술, 소금 약간을 넣고 양념장을 만든다.
❼ ⑥의 양념장에 ③의 무를 넣고 버무린 다음 실파, 갓, 미나리, 대파를 섞어 소를 만든다.
❽ 소를 배추 잎 사이사이에 고르게 펴 넣고 반을 접어 겉잎으로 전체를 감싸 소가 빠지지 않게 꼭 싸서 담아낸다.

Point

- 무는 길이로 0.3 × 0.3 × 5cm로 일정하게 채 썬다.
- 푸른 채소는 나중에 넣어 살살 버무려 풋내가 나지 않도록 한다.
- 소 재료와 배추가 맛과 간이 잘 어우러지도록 한다.

MEMO

양념비율 정리

- 양념장 : 고춧가루 1/4컵, 다진 마늘 1큰술, 다진 생강 1작은술, 새우젓 1큰술, 멸치액젓 1/2큰술, 설탕 1/2큰술, 소금 약간

오이소박이

시험 시간 **20분**

요구사항

※ 주어진 재료를 사용하여 오이소박이를 만드시오.

1. 오이는 6cm 길이로 3토막 내시오.
2. 오이에 3~4갈래 칼집을 넣을 때 양쪽 끝이 1cm 남도록 하고, 절여 사용하시오.
3. 소를 만들 때 부추는 1cm 길이로 썰고, 새우젓은 다져 사용하시오.
4. 그릇에 묻은 양념을 이용하여 국물을 만들어 소박이 위에 부어내시오.

지급재료

- 오이(가는 것, 20cm 정도) 1개
- 부추 20g
- 새우젓 10g
- 고춧가루 10g
- 대파(흰부분, 4cm 정도) 1토막
- 마늘(중, 깐 것) 1쪽
- 생강 10g
- 소금(정제염) 50g

만드는 법

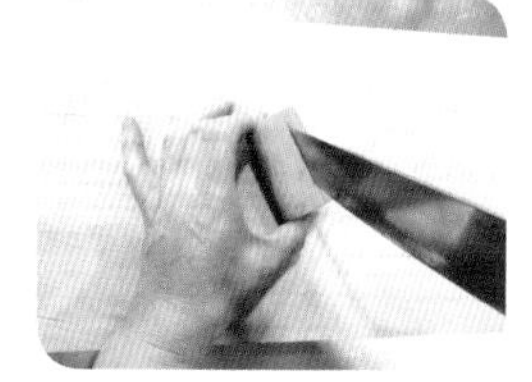

❶ 오이는 소금으로 문질러 깨끗이 씻어 6cm 길이로 3개를 잘라 양쪽 끝을 1cm 남기고 열십자로 칼집을 넣어 소금물에 절인다.
❷ 파, 마늘, 생강, 새우젓은 곱게 다진다.
❸ 부추는 깨끗이 다듬어 1cm 길이로 송송 썬다.
❹ 고춧가루 1큰술, 물 2큰술, 새우젓 1/2큰술, 다진 파 1작은술, 다진 마늘 1/2작은술, 다진 생강 약간을 넣고 양념을 만들어 놓는다.
❺ 썰어 놓은 부추에 ④의 양념을 넣고 버무려 소를 만든다.
❻ 오이의 물기를 제거하고 칼집 사이에 소를 고르게 채워 넣어 그릇에 담는다.
❼ 소를 버무린 그릇에 물 2큰술을 넣어 오이소박이 위에 끼얹는다.

Point

- 오이가 찢어지지 않도록 주의한다.
- 오이 칼집 사이로 소금을 얹어 물에 뜨지 않게 그릇으로 눌러주면 잘 절여진다.

MEMO

양념비율 정리

- 소 양념 : 고춧가루 1큰술, 물 2큰술, 새우젓 1/2큰술, 다진 파 1작은술, 다진 마늘 1/2작은술, 다진 생강 약간

(사)한국식음료외식조리교육협회 교재 편집위원 명단

지역	훈련기관명	기관장	전화번호	홈페이지
서울	동아요리기술학원	김희순	02-2678-5547	http://dongacook.kr
인천	국제요리학원	양명순	032-428-8447	http://www.kukjecook.co.kr
	상록호텔조리전문학교	윤금순	032-544-9600	www.sncook.or.kr
강원	김희진요리제과제빵커피전문학원	김희진	033-252-8607	http://www.김희진요리제과제빵커피전문학원.kr
	삼척요리제과제빵직업전문학교	조순옥	033-574-8864	
경기	경기외식직업전문학교	박은경	031-278-0146	http://www.gcb.or.kr
	김미연요리제과제빵학원	김미연	031-595-0560	http://www.kimcook.kr
	김포중앙요리제과학원	정연주	031-988-4752	http://gfbc.co.kr
	동두천요리학원	최숙자	031-861-2587	http://www.tdcook.com
	마음쿠킹클래스학원	김미혜	031-773-4979	https://ypcookingclass.modoo.at
	부천조리제과제빵직업전문학교	김명숙	032-611-1100	http://www.bucheoncook.com
	안산중앙요리제과제빵학원	육광심	031-410-0888	http://www.jacook.net
	용인요리제과제빵학원	김복순	031-338-5266	http://cafe.daum.net/cooking-academy
	월드호텔요리제과커피학원	이영호	031-216-7247	http://www.wocook.co.kr
	은진요리학원	이민진	031-292-9340	http://www.ejcook.co.kr
	이봉춘 셰프 실용전문학교	이봉춘	031-916-5665	http://www.leecook.co.kr
	이천직업전문학교	김미섭	031-635-7225	http://www.icheoncook.co.kr
	전통외식조리직업전문학교	홍명희	031-258-2141	http://jtcook.kr
	한선생직업전문학교	나순흠	031-255-8586	http://www.han5200.or.kr
	한양요리학원	박혜영	031-242-2550	http://blog.naver.com/hcook2002
	한주요리제과커피직업전문학교	정임	032-322-5250	http://hanjoocook.co.kr
경상	거창요리제과제빵학원	정현숙	055-945-2882	https://cafe.naver.com/gcyori
	경주중앙직업전문학교	전경애	054-772-6605	https://njobschool.co.kr
	김천요리제과직업전문학교	이희해	054-432-5294	http://www.kimchencook.co.kr
	김해영지요리직업전문학교	김경린	055-321-0447	http://www.ygcook.com
	김해요리제빵학원	이정옥	055-331-7770	http://www.khcook.co.kr
	뉴영남요리제과제빵아카데미	박경숙	055-747-5000	https://blog.naver.com/newyncooki
	상주요리제과제빵학원	안선희	054-536-1142	http://blog.naver.com/ashk0430
	울산요리학원	박성남	052-261-6007	http://ulsanyori.kr
	으뜸요리전문학원	김민주	055-248-4838	http://www.cookery21.co.kr
	일신요리전문학원	이윤주	055-745-1085	http://www.il-sin.co.kr
	진주스페셜티커피학원	한선중	055-745-0880	http://cafe.naver.com/jsca
	춘경요리커피직업전문학교	이선임	051-207-5513	http://www.5252000.co.kr
	통영조리직업전문학교	황영숙	055-646-4379	

지역	훈련기관명	기관장	전화번호	홈페이지
충청	박문수천안요리직업기술전문학원	박문수	041-522-5279	http://www.yoriacademy.com
	서산요리학원	홍윤경	041-665-3631	
	서천요리아카데미학원	이영주	041-952-4880	
	세계쿠킹베이커리	임상희	043-223-2230	http://www.sgcookingschool.com
	아산요리전문학원	조진선	041-545-3552	
	엔쿡당진요리학원	진민경	041-355-3696	https://cafe.naver.com/dangjin3696
	천안요리학원	김선희	041-555-0308	http://www.cookschool.co.kr
	충남제과제빵커피직업전문학교	김영희	041-575-7760	http://www.somacademy.co.kr
	충북요리제과제빵전문학원	윤미자	043-273-6500	http://cafe.daum.net/chungbukcooking
	한정은요리학원	한귀례	041-673-3232	
	홍명요리학원	강병호	042-226-5252	http://www.cooku.com
	홍성요리학원	조병숙	041-634-5546	http://www.hongseongyori.com
전라	궁전요리제빵미용직업전문학교	김정여	063-232-0098	http://www.gj-school.co.kr
	세종요리전문학원	조영숙	063-272-6785	http://www.sejongcooking.com
	예미요리직업전문학교	허이재	062-529-5253	http://www.yemiyori.co.kr
	이영자요리제과제빵학원	배순오	063-851-9200	http://www.leecooking.co.kr
	전주요리제과제빵학원	김은주	063-284-6262	http://www.jcook.or.kr

사진촬영에 도움을 주신 분

정희원 사진작가 : 010-5313-3063

참고문헌

- (사)한국전통음식연구소(2011). 『아름다운 한국음식 300선』. 서울: 도서출판 질시루.
- 김태성 · 이은주(2017). 『칼질법과 NCS 조리실무』. 서울: 도서출판 엔플북스.
- 농촌진흥청 국립농업과학원 기술지원팀(2014). 『한식양념장으로 간편하게 조리하기』. 농촌진흥청.
- 봉하원(2000). 『한국요리해법』. 서울: 도서출판 효일.
- 송주은(2004). 『기본 한국조리』. 서울: 도서출판 효일.
- 이주희 · 김미리 · 민혜선 · 이영은 · 송은승(2014). 『식품과 조리원리』. 경기: (주)교문사.
- 장명숙(2006). 『식품과 조리원리』. 서울: 도서출판 효일.
- 황혜성 · 한복려 · 한복진 외(2010). 『3대가 쓴 한국의 전통음식』. 경기: (주)교문사.

저자와의
합의하에
인지첩부
생략

한식조리기능사 **실기**

2019년 10월 31일 초 판 1쇄 발행
2025년 1월 10일 제3판 4쇄 발행

지은이 (사)한국식음료외식조리교육협회
펴낸이 진욱상
펴낸곳 (주)백산출판사
교 정 박시내
본문디자인 신화정
표지디자인 오정은

등 록 2017년 5월 29일 제406-2017-000058호
주 소 경기도 파주시 회동길 370(백산빌딩 3층)
전 화 02-914-1621(代)
팩 스 031-955-9911
이메일 edit@ibaeksan.kr
홈페이지 www.ibaeksan.kr

ISBN 979-11-6567-682-7 93590
값 16,000원